U0197762

NATIONAL GEOGRAPHIC 美国国家地理

河流之旅

意大利白星出版公司/著 文铮 周浩然 周梦雪 张谊/译 徐世新/审

電子工業出版社
Publishing House of Electronics Industry
北京·BEIJING

非洲的淡水

10

22

33

40

54

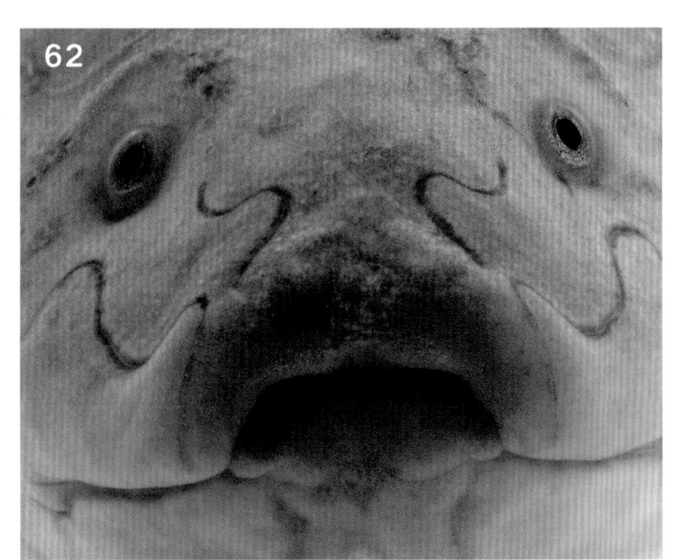
62

73

78

89

96

欧洲的淡水

102

107

117

122

131

134

150

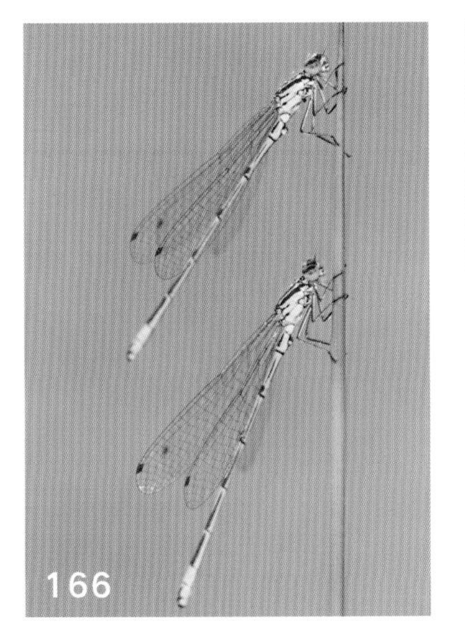
166

174

179

亚马孙河

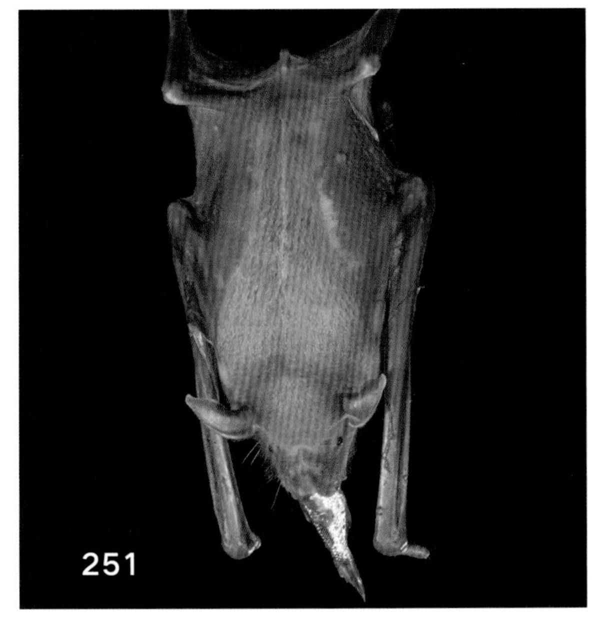
251

252

258

268

282

1 非洲的淡水

水，独特又珍贵的资源

水是生命之源，地球上所有的生命都依赖于水而存在。在非洲这片永久干旱的土地上，与水源的距离可以决定生存或者死亡。无论是永久性的淡水水源还是暂时性的河流盆地，只有在水源附近才会有大量动物聚集。

地球上最辽阔、最重要的河流都在非洲，其中一些河流没有入海口，因此称为内陆河。尼罗河流经非洲东北部，根据最新的测量数据，可以确定它是世界上最长的河流，这条经常出现在神话中的河流也是古埃及文明的摇篮。尼罗河有两条主要的支流：一条是白尼罗河，发源于非洲东部的卡盖拉河；另一条是青尼罗河，发源于埃塞俄比亚的塔纳湖。尼罗河自南向北流经东非十余个国家，形成一块巨大的三角洲，最终注入地中海。数千种动物将尼罗河周边区域视为理想的栖居地，其中尼罗鳄等一些动物则被视为非洲大河中动物群的象征。

刚果河的发源地位于刚果共和国与赞比亚交界处的米通巴山，流经中非，最终注入大西洋。西非的尼日尔河是非洲另一条主要河流，发源于几内亚和塞拉利昂边境的洛马山脉，经过一段呈弧形的中游河道之后，在入海口处冲积形成一块广阔的三角洲，最终注入几内亚湾。

赞比西河发源于非洲东南部的赞比亚，注入印度洋的莫桑比克海峡。

另外两条长度超过1000千米的河流分别是奥兰治河和林波波河：奥兰治河发源于南非，是南非的主要河流，汇集几条支流后流入大西洋；林波波河也是位于南非的河流，最终流入印度洋。

乍得湖是非洲最大的水系，有内陆湖的特征：湖水不深，平

第8~9页图：从博瓦纳茨奥卡万戈河三角洲的水面下向上看，一只非洲海雕（*Haliaeetus vocifer*）正号叫着掠过。

第10页图：埃及尼罗河中一只传统木帆船的剪影，在黄昏夕阳的映衬下显得格外醒目。

上图：一头巨大的尼罗鳄（*Crocodylus niloticus*）出现在博瓦纳茨乔贝河浅水区。

均深度还没有超过1.5米，位于非洲中北部，撒哈拉沙漠南缘。乍得湖的面积会随季节变化发生较大起伏，由于没有出水口，湖泊面积完全由来自周围高地的供水和高温蒸

发现象来决定。近60年来，受到全球气候变暖的影响，乍得湖的面积明显缩小，从原来的2.6万平方米缩小到只有5000平方米（据2019年统计）。

东非大裂谷地质环境特殊，动物种类繁多，是一个极具魅力的地方。这条长达几千千米的断裂带穿过十几个非洲国家，其间分布着多个湖泊，其中包括生活着500多种特有鱼群的尼亚萨湖、为许多水生和半水生动物提供家园的阿尔贝托湖、整个非洲大陆上最深的坦噶尼喀湖（湖区最深处可达1470米）和从史前时代就有人类频繁出没痕迹

上图：刚果民主共和国萨隆加国家公园内，河上的渔民。

（岸边发现的化石就是最好证明）的图尔卡纳湖。沿着东非大裂谷可以看到极其丰富的自然景观，这里的许多风景比起别处更能代表非洲特色。

维多利亚湖位于东非大裂谷

西支裂谷带的高原上，坦桑尼亚、肯尼亚和乌干达三国交界处。维多利亚湖支流众多，不仅是一处重要景观，还是当地的经济中心，在湖岸边和众多小岛上居民的生活中发挥着至关重要的作用。随着时间的推移，人类不合理的活动使得维多利亚湖生态系统发生了巨大变化。例如，20世纪50年代，为了尽快恢复捕鱼业，人们将尼罗河尖吻鲈（*Laes niloticus*）引入湖中。这无疑是个错误的决策，而维多利亚湖也为人类的错误付出了代价：这一举措并没能促进经济长期发展，反而让湖内原本就难以持续繁殖的鱼群处境更加艰难。

非洲淡水水域周围草木丛生，通常陆生植物与水生植物之间没有明显的界线——陆生植物往往延伸到河岸以外，逐渐过渡到水生植物；水生植物则像绿色的地毯一样覆盖在水面上。这就是困扰维多利亚湖的另一个问题：由于城市经常向湖里排放废水，导致湖水富含有机物，而臭名昭著的水葫芦（*Eichhornia crassipes*）最喜欢在这样的水体环境中生长。这种原产于亚马孙流域的水草被人为引入非洲这片重要的湖泊中，并开始迅速繁殖，很快就泛滥成灾。水葫芦密密麻麻地铺满了整个水面，阻碍了阳光照进湖水，并疯狂掠夺水中氧气，导致很多水生生物死亡，给当地造成了重大经济损失。

上图：危险物种水葫芦（*Eichhornia crassipes*）入侵肯尼亚境内的维多利亚湖水域，在湖面上漂浮。

右图：近景，肯尼亚境内马拉河水域中的成年河马（*Hippopotamus amphibius*）与小河马。

第18~19页图：一群黑驴羚（*Kobus leche smithemani*）跃入赞比亚境内的班韦乌卢沼泽。

亟待解决的问题

在非洲这片地域辽阔、河湖众多的大陆上，淡水储备理应极其充足，但实际情况却恰恰相反：受气候、地质、经济和地缘政治等因素影响，淡水在这里是一种极其稀缺的资源。非洲大陆上的许多地区得不到河流和湖泊的滋润，依然十分干旱。大片区域长期忍受旱季的侵扰，降水稀少且分布不均导致土壤荒漠化且肥力流失。

非洲降水的一大特征是季节变化明显，而现在这种特征表现得更加极端，经常会出现旱季长期干旱、雨季洪水泛滥的现象。

地理学和地质学研究表明，非洲大陆地下储藏着丰富的淡水，形成了一个个天然水库，这些水库在饱受干旱之苦的沙漠化和半沙漠化土地之下已存在了数千年之久。

为什么非洲人不去开采储量可观的地下水呢？因为有许多水资源利用有关的重要问题需要考虑：挖到很深的地下去开采淡水并不是一件容易的事，对于淡水资源的不合理使用也是一种风险，而且很可能在短期内对储存淡水这一珍贵资源的地层造成破坏。

水中的庞然大物

阳光明媚的河流、湖泊和瀑布是许多动物的家园。狡黠的掠食者藏在领地的水域中，随时准备扑向毫无防备的猎物，对它们发起致命攻击。肉食性鸟类则会从高处俯瞰水面，一旦发现水面上任何轻微的波动，就会立刻俯冲下来抓住猎物，饱餐一顿。而不以捕食为生的动物则整天待在水里，一个个紧紧挨在一起，懒洋洋地观察着周围发生的一切，待到黄昏降临，它们才出发去寻找食物。

水是众多动物赖以生存的环境，也是它们进行狩猎或休息等日常活动的主要阵地。在非洲的河湖中或岸边，这样的故事每天都在上演。

左图：赞比亚境内的卢安瓜河中，一头巨大的河马（*Hippopotamus amphibius*）露出的牙齿令人印象深刻。

河马

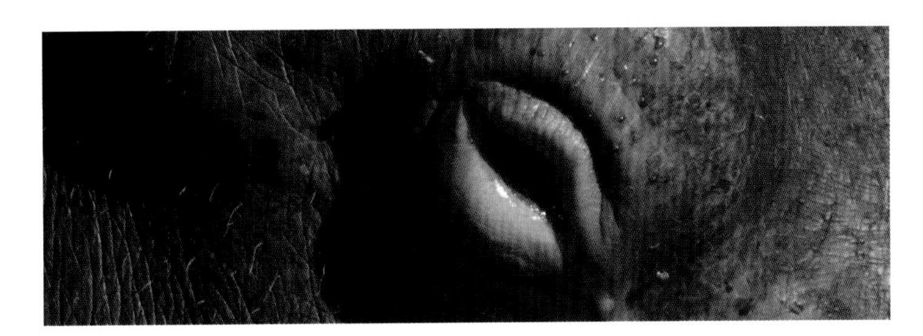

湖泊、河流和湿地是河马出没的主要环境。河马这种生物独具魅力，白天它们几乎全泡在水里，偶尔才到泥泞的岸边觅食或透气。

周身圆润得像个桶，鼻子呈方形，嘴里长着大大的牙齿，四肢短而粗：拥有这样独特体形的动物就是河马无疑了。

河马（*Hippopotamus amphibius*）是一种非洲常见的大型哺乳动物，体重通常在1300～3200千克之间，体长2～5米，包括一条35厘米长的尾巴。雄性河马通常比雌性河马更重。除了体形，雄性河马和雌性河马还表现出其他的不同：雄性河马的鼻子更大，颌骨更加发达。但是，这些外形上的区别并不十分明显，到了晚上，河马都在水里休息的时候，就更难辨雌雄了。河马的皮肤呈紫褐色，眼睛和耳朵周围则呈粉棕色。河马必须时刻保持皮肤湿润，因为如果长时间暴露

贡扎加的河马

意大利的帕维亚自然历史博物馆保存着一件河马标本。1793年，按照哈布斯堡王朝的意愿，经过漫长的协商，这件标本从曼托瓦被运送至此，而一些矿化的标本则被送往了贡扎加城。在贡扎加时，河马的背上驮着里纳尔多的木乃伊，被称为“Passerino”。1328年，路易吉·贡扎加推翻当时曼托瓦的领主博纳科尔西，随后开启了贡扎加家族对这座城市长达三百多年的统治。传说，曼托瓦最后一位女公爵洛林的苏珊娜·恩里克塔将这具木乃伊扔进湖中，彻底摆脱了它，以这种方式应验了“摆脱这具遗体就能大权在握”的预言。

在空气中，河马的皮肤就会干裂。

河马的下颌可以张开150度，巨大而锋利的门齿和犬齿一览无余。河马的犬齿可以长到50厘米长，而门齿长度则能达到40厘米。

河马栖息在非洲热带稀树草原的河流与湖泊里，以及中非主要的河流附近。白天，河马总是在较浅的湖泊里睡觉，有时也会在泥泞的岸边休息。而到了黄昏，河马就会从水中出来觅食，独自沿着熟悉的道路，走到河湖岸边茂密的草场。河马几乎每天晚上都沿着同样的轨迹活动，这些道路上被踩出很深的痕迹，甚至有导致河岸坍塌的风险。

河马的夜间觅食会持续4~5小时，主要食物是禾本科的草。河马非常挑食，只会吃那些最鲜美的草，对不合它们胃口的草根本不会多看一眼。它们厚厚的嘴唇上覆盖着5厘米厚的角质层，很适合用来咬断植物，再用口腔后部的臼齿磨碎，而门齿和犬齿在进食中几乎起不到任何作用。与河马庞大的体形相比，它们的食量真的是少之又少：河马每天只会吃掉相当于它们体重1.5%的植物。

由于河马长时间静止不动，能量消耗和食物蠕动进入胃和肠道的速度都很慢，因此能最大限度地吸收营养。河马总是在同一时间离开水域去觅食，黎明前就会从草场返回。如果它们走得太远，也可以在其他水域中休息，等到夜幕降临再出来活动。

由于体形庞大，河马无论是在水里还是在陆地上都显得十分笨重。其实河马能够很好地适应半水生生活，在水陆两种环境中都能表现得足够灵活。河马在陆地上可以保持每小时30千米的速度移动几百米。而在浅水区，短腿能让它们走得很快，蹼足则能让它们在河湖的浅滩上以蹦蹦跳跳的方式行走。河马的眼睛、耳朵和鼻孔高高地长在头上，所以哪怕是浸在水里它们也

第22~23页图：卢安瓜河浅水区里的一头河马。摄于赞比亚卢安瓜国家公园。

右图：一头河马正贪婪地撕咬着水草。摄于博茨瓦纳奥卡万戈河三角洲。

上图：年轻的河马成群结队地栖息在马拉河岸边。摄于坦桑尼亚塞伦盖蒂国家公园。

能自如地呼吸，并且时刻掌控周围的环境。不过，河马整个身子都泡在水里时，鼻孔会完全闭合，耳朵则会折叠起来，以防耳鼻中有水灌入。

河马是一种群居的社会性动物，通常20～100头河马生活在一起，但是除了母子，其他成员之间没有任何特殊的互动。雌性河马会待在群居水域的中心，雄性河马则会留在外围以保护雌性河马和幼崽。

为将有雌性河马出没的水域置于自己的掌控之中，成年雄性河马通过吼叫、张大嘴和碰撞下颌的方式进行争斗，只要年轻雄性表示出顺从，成年雄性河马就能接纳它们继续在这片水域待下去。为争夺水域而开展的斗争可能会很惨烈，有时候河马会用巨大的犬齿攻击对方，导致双方都遍体鳞伤。由于牙齿又大又坚硬，河马是最凶残的草食动物之一，就连狮子和鳄鱼也抵挡不住它们凶猛的攻击。

小型冲突通常以武力方式解决，其中最典型、最明显的一种方式就是“打哈欠”。每当旱季来临，水资源稀缺的时候，战斗也会更加频繁。为了标记领地，雄性河马通常会抬起臀部排出粪便和尿液，还会拖动尾巴，在整个领地上都涂满自己的排泄物，以此来界定边界。河马的粪便不仅能用来标记领地，还能用来辨认路线。河马经常会从水里走出来，沿着河岸和到达草场的必经之路边走边排便。与水中的情况不同，河马在陆地上似乎并没有自己的领地，当它们从河湖中走出来觅食时，通常是独自行动。

河马实行一夫多妻制，一头成年雄性河马会与好几头雌性河马交配。虽然河马的交配并没有严格的季节限制，但通常都在二月到八月之间的旱季进行，所以河马幼崽一般都在十月到次年四月的雨季之间出生。河马的交配和分娩都在水中进行。雌性河马在水中栖息时，雄性河马会小心翼翼地在它们之中徘徊，行动非常谨慎，以免遭受攻击。等到雌性河马发情时，雄性河马就会开始求爱。雄性河马会将发情的雌性河马从族群中推出来，跟着它到更深的水域中进行交配。

记事本

河马的天然防晒霜

河马没有气味腺或汗腺，因此不能排汗，但它皮肤表面的腺体会分泌一种黏稠的液体，这种液体刚分泌出来时没有颜色，不到几分钟就会变成红色。很长时间以来，人们都认为这种液体可能是血和汗的混合物，因此人们将河马分泌的这种液体称为“血汗”。不过，如今人们已经了解到，这种液体既不是血也不是汗，而是一种混合的酸性物质，能起到防晒的作用，既能吸收紫外线，还能防止致病菌滋生。但是，如果河马皮肤暴露在水域之外的时间太久导致皮肤严重干裂的话，那它分泌的这种“天然防晒霜”也无济于事了。

上图：河马头部特写，可以清楚地看到眼睛周围的“汗酸 ”。

右图：一头雄性河马正在向一头雌性河马求爱。摄于肯尼亚马赛马拉国家野生动物保护区。

河马的妊娠期长达一年左右，大约324天，雌性河马每胎只能产一头22～55千克的幼崽，只有少数情况下才会生出双胞胎。雌性河马的乳房位于腹股沟附近，哺乳也是在水下进行的：小河马会在水中憋着气，耳朵和鼻孔紧闭以防止水灌入。

危机重重

20世纪90年代中期至21世纪初，河马数量大幅下降，《世界自然保护联盟濒危物种红色名录》已将河马列为易危物种。根据最近一项数据估计，现存河马的数量在11.5万头至13万头之间，河马聚居的各个地区中现存数量也不尽相同。非洲东部和南部的国家是河马保护的据点，有大量河马出没。尽管对河马的猎捕和宰杀都是不合法的，但还是有很多人顶风作案，尤其是在非保护区，非法捕猎成为河马数量迅速下降的主要原因。

栖息地减少是河马数量下降的另一个原因。河马的生活离不开淡水河流和湖泊，而干旱、农业和工业用水过度以及河流自然流向的改变，都会让河马的种群存续更加脆弱、处境更加危险。另外，对河马自然栖居地的保护力度还远远不够。

除此之外，河马还面临着其他的威胁：一些非洲地区的人们认为河马肉是真正的美味佳肴，因此非法出售河马肉的案件屡见不鲜，特别是在象牙贸易被禁止之后，河马牙齿走私案件也越来越多。

尼罗鳄

尼罗鳄是非洲淡水水域中最大的掠食者，有着强壮的下颌和锋利的牙齿。很少有动物能逃脱它的致命伏击，就算是再迅速、再敏捷的动物，也难逃被它吞入口中的噩运。

和所有鳄鱼一样，尼罗鳄也有性别二态性：雄性尼罗鳄通常比雌性个头更大，目前记录在案的非洲最大尼罗鳄达到6米长、700千克重。尼罗鳄是社会性动物，它们会共享栖息地，一起晒好几个小时的太阳，有时还会共享食物，比如大型动物和鱼群等。尼罗鳄的群体内有非常严格的等级制度，年龄较长、体形较大的雄性可以优先获得食物，享受河湖中的最佳水域。尼罗鳄是变温动物，体温会随着外界环境发生变化，因此，它们总是在太阳下一动不动地待很久，然后再躲进阴凉下或水中乘凉以避免体温过高，尤其是在天气最热的时候。不同地域的尼罗鳄筑巢的时间也不同，但为避免巢穴被水淹，它们通

第30~31页图：湍急的河流边，一头尼罗鳄（*Crocodylus niloticus*）正趴在岩石丛中晒太阳。摄于南非克鲁格国家公园。

上图：一头尼罗鳄正加速逃离被许多鳄鱼占领的一片泥泞的小池塘，以免为争抢食物而与它们发生冲突。摄于南非克鲁格国家公园。

右图：一头尼罗鳄正张开血盆大口，令人望而生畏。摄于南非克鲁格国家公园。

常都在旱季筑巢，在雨季之初孵卵。雌性尼罗鳄会在离水几米远的沙堤上挖出一个50厘米深的洞作为巢穴，在巢中产下25～80枚卵，直到孵化前，它们都会保护这些卵。但雌性尼罗鳄不可能寸步不离，因为它们也需要钻进水里调节体温、寻找食物。每当雌性尼罗鳄离开巢穴时，对鳄鱼蛋垂涎已久的尼罗巨蜥（*Varanus niloticus*）、条纹鬣狗（*Hyaena hyaena*）和人类等就会趁机去偷蛋。侥幸逃过一劫的鳄鱼蛋在75～95天之后就会孵化出尼罗鳄幼鳄。尼罗鳄幼鳄一破壳就能自己去觅食，不过雌性尼罗鳄还是会照看这些幼鳄6～8周的时间。据估计，只有10%的鳄鱼蛋能平安孵化，而孵化出的小尼罗鳄只有1%能活到成年。尼罗鳄幼鳄主要以昆虫和小型水生无脊椎动物为食，随着年龄和体型渐长，它们会开始吃大型无脊椎动物。

尼罗鳄出没的地方，几乎所有的爬行动物、鸟类、鱼类和哺乳动物都难逃被吃掉的命运。哺乳动物中，羚羊是尼罗鳄的主要食物，尤其是在湿草地上觅食，或为躲避狮子等掠食者的追捕而跑到河湖边的水羚属动物。每到草食动物迁徙的时节，总是会有大群尼罗鳄埋伏在它们要经过的河边，每年都有几百匹斑马和角马落入尼罗鳄这种水中巨兽的腹中。

危险的植物

人们普遍认为，植物不会给尼罗鳄这样的大型掠食者带来麻烦，但是原产于美国的草本植物香泽兰的确对它们造成了伤害。由于香泽兰的根密密麻麻交错在一起，织成厚厚的纤维地毯，许多雌性尼罗鳄难以挖巢；除此之外，香泽兰还会将鳄鱼巢穴覆盖在阴凉之下，使内部温度比起阳光下要低5～6℃。不理想的孵化条件会使孵出的尼罗鳄幼鳄有可能不太正常，如破壳后体型较小，甚至直接死在胚胎里。对尼罗鳄以外的其他鳄鱼来说情况也是如此。负责保护南非夸祖鲁-纳塔尔省野生动物群和自然保护区的政府组织Ezemvelo KZN Wildlife制订了一项计划，在尼罗鳄产卵前的几个月，会组织人力沿着Mphathe河铲除尼罗鳄筑巢地附近的香泽兰。

就像鳄鱼家族的其他鳄鱼一样，尼罗鳄也有外皮感觉器官，但这些器官究竟有何用，至今还未有定论。尼罗鳄的头部和整个身体上都分布着感觉器官，嘴部周围有机械感受器，能够感知压力的变化。几乎可以确定的是，尼罗鳄在水下时会用感觉器官来感知周围的猎物。比如，鱼在水里游动时，尼罗鳄的头部会感知到周围水流的变化，从而察觉猎物的存在及其位置。但尼罗鳄身体上的感觉器官并不明显，在腹部、腿部、尾巴甚至泄殖腔（排便、排尿及雌性鳄鱼产卵的开口）等部位的大部分鳞片上都有分布。有人认为尼罗鳄的这些感觉器官或许也能感知水体的盐度，但是目前还没有找到相关的证据。

正在行动中

虽然尼罗鳄长时间趴着一动不动，但是如果必要的话，它们能以惊人的速度在水陆两种环境中长距离移动。相比之下，它们在水里的速度会更快一些，不过在陆上的移动能力也很强大，有足够的敏捷性。尼罗鳄在陆地上有三种移动方式：用腹部贴着地面爬行，撑起身子行走，或快速奔跑。用腹部爬行时的方式类似蜥蜴，四肢放在身体两侧，腹部紧紧贴在地面上。

尼罗鳄撑起身子行走的方式与爬行动物典型的行走方式完全不同。尼罗鳄的这种移动方式更像哺乳动物：四肢伸展立在身体下方，行走时从地面上抬起。而第三种移动方式——奔跑则看起来非常特别，与爬行动物使用的任何一种

右图：一头尼罗鳄正在Msicadzi河岸边享用它的猎物——一只个头十足的白鹈鹕（*Pelecanus onocrotalus*）。它要时刻警惕着附近的其他鳄鱼，以防战利品被抢走。摄于莫桑比克戈龙戈萨国家公园。

上图：一头尼罗鳄正用牙齿帮助小鳄鱼出壳，一个小生命即将破壳而出。摄于肯尼亚。

移动方式都不同，比起马的奔驰，更像野兔跳跃前进时的姿态。奔跑时，尼罗鳄的前后腿同时抬起，在遇到危险时能够快速移动。跳跃并不是尼罗鳄的典型动作，但它们捕猎时经常会一跃而起抓住猎物。

每当发现并锁定目标时，尼罗鳄就会开始用力摇摆尾巴，慢慢浮出水面。顷刻之间，尼罗鳄就能一跃而起腾空数米，抓住它上方的猎物，比如正准备从树枝上到水面捕食的鸟类。如果这时尼罗鳄还站在河湖深处的话，四肢就会像弹簧一样迅速往前跳。这种捕猎方式以尼罗鳄最为出名，不过许多其他的掠食者也会这样来袭击和捕获在水边喝水的猎物。

尼罗鳄在水中能发挥出它们最大的优势。比起在陆地上移动，尼罗鳄更擅长在水中游泳，毫不费力就能迅速向前移动。在游泳时尼罗鳄的尾巴提供几乎全部的动力，对其在水中的移动起到了重要作用。尼罗鳄依靠尾巴平着向两边扫动，呈S形不断推动水面，来获得向前的动力。低速移动时，尼罗鳄躯干几乎完全不动，靠摆动四肢来变换方向。当尼罗鳄加速时，四肢就不会再动了，而是贴在身体两侧，以减少水的阻力，躯干则会和尾巴一起来回摆动。

与人类的关系

尼罗鳄被《世界自然保护联盟濒危物种红色名录》列为无危物种。虽然尼罗鳄的数量在一些地区有所减少，但总体上来说尼罗鳄在其分布范围内数量还是很多的。目前总共有5万至7万头成年尼罗鳄，近几年数量变化并不明显。20世纪40年代到60年代之间人类的捕猎行为使得尼罗鳄失去了大片栖息地。不过，在濒危野生动植物种国际贸易公约（CITES）的努力下，许多栖息地现已得到恢复。

总的来说，尼罗鳄现在并没有灭绝的风险，但在一些保护区以外甚至以内的区域，尼罗鳄仍面临数量减少的威胁。有些地方的人食用它们的肉和蛋，给尼罗鳄带来巨大的生存压力。

与人类的接触也会给尼罗鳄带来风险。2019年官方数据显示，尼罗鳄袭击人类共导致62人死亡，33人受伤。可能这并不是实际的数据，由于缺少记录，实际的数据只会更多，所以人类对尼罗鳄的态度并不友好。此外，尼罗鳄也会捕食岸边喝水的牲畜，这就会激怒牧民。为了保护牲畜，牧民有时候会用浸有杀虫剂的肉饵杀死尼罗鳄。为解决人类与尼罗鳄之间的矛盾冲突，许多保护政策相继出台，以避免人类的报复性毒杀。这一系列政策都要与保护尼罗鳄自然栖息地相结合，其中要面临的一大问题就是水上堤坝的建立。比如，2005年南非建了一座5米高的堤坝，导致水位上升，淹没了尼罗鳄经常晒太阳的那片区域。

记事本

漂浮

鳄鱼可以通过调节肺中的空气含量来改变在水中的位置。要想在水面上漂浮，鳄鱼会让肺中存有一定量的空气，减少自身重量的影响，避免下沉。它通过这种方式让身体平均密度比水小，这样就能浮在水面上。鳄鱼一动不动地漂浮在水面上时，很容易被误认成一块浮木，这样它们就能很好地进行伪装。漂浮时，鳄鱼伸展前肢和后肢以保持身体稳定，避免在水中旋转；尾巴用处就更大了，只要轻轻摆动尾巴就能在水流中保持静止。潜水时，鳄鱼会先将肺部空气呼出，潜水下沉的速度取决于呼气的速度。

上图：一头尼罗河鳄漂浮在南非一条河流的水面上。

聚焦 张大嘴的鳄鱼

鳄鱼的嘴不能完全闭合起来，所以在潜水下沉的过程中，即使嘴巴紧闭，水也很容易灌入口中。为防止水灌入食管和气管，鳄鱼的嘴里长着腭瓣。腭瓣是舌头后部的肉延伸出来的部分，可以堵上喉咙口，大大方便了鳄鱼在水中的捕猎。多亏有了腭瓣，鳄鱼在捕获水生猎物时可以轻松张大嘴，完全不用担心会呛到水。

鳄鱼潜水时，头只有部分没入水中，嘴里会灌满水，腭瓣则会阻止水从嘴里灌入食管和气管。那么这时候鳄鱼怎么呼吸呢？经过进化，鳄鱼已经适应了在水里呼吸：在水中时，它们的内鼻孔越过腭瓣，朝上腭后部打开。这样不仅能防止水灌入，还能让鳄鱼呼吸自如。当鳄鱼头部完全没入水中时，为了防止灌水，鼻孔也会紧闭：鳄鱼可以这样在水中屏住呼吸一段时间，最多能坚持10～15分钟。捕猎时，鳄鱼经常把猎物拖进水中淹死。为了享用猎物，鳄鱼要从水中探出头来，而吞咽时则要头部后仰才能让食物进入口腔后部。

左图：一头尼罗鳄对正穿过水域进行迁徙的黑斑牛羚（*Connochaetes taurinus*）发起致命攻击。摄于肯尼亚马赛马拉国家保护区。

非洲海雕

雪白的头部、颈部、胸部和尾巴，以及黑色的翅膀，在周身棕色的羽毛中显得格外醒目——这就是非洲海雕在飞行时展示出的外形特征。

非洲海雕（*Haliaeetus vocifer*）在整个非洲大陆上有许多个栖息地，从海平面到4000米的高空都能看到它们的身影，但通常它们停留在海拔1500米以下，它们更喜欢有水的地带，比如沼泽、湖泊、河流、冲积平原、河口、海岸和潟湖。

非洲海雕的翅膀张开时非常宽阔，翼展最长可达210厘米，尾巴却又短又圆。雌海雕重达3.2~3.6千克，体长63~77厘米，比雄海雕体型要大10%~15%。小海雕与成年海雕外形差别非常大。小海雕的羽毛大部分呈棕色，全身点缀着白色羽毛，比如胸部、尾巴根部和主要飞羽根部等部位。通常来讲，小海雕

记事本

去抓鱼!

非洲海雕的主要食物是鱼类，它们吃得最多的就是罗非鱼、猫鱼、石花肺鱼、巨狗脂鲤和绯鲤，而且通常只吃刚刚从水里捕获的新鲜猎物。非洲海雕捕猎时往往会先俯冲下来，然后把腿伸进水里，用锋利的爪子把鱼抓上来。这种凶猛的猛禽捕猎成功率只有七分之一或八分之一，所以通常要重复好几次这个动作才能抓到猎物。非洲海雕能轻松带着两千克以内的鱼在空中飞行，更大一点儿的猎物就只能在岸边迅速消灭掉了。

第40~41页图：一只非洲海雕（*Haliaeetus vocifer*）用锋利的爪子抓着猎物。摄于博茨瓦纳萨武蒂。

右图：图片中的非洲海雕成功捕获到一条鱼。摄于博茨瓦纳乔贝河。

的尾巴要比成年海雕的尾巴长。

虽然非洲海雕最主要的食物是鱼类，但当猎物稀少时它们也会捕食其他动物，比如鸬鹚、凤头鸊鷉、红蛇鹈和苍鹭雏鸟等水禽。少数情况下它们还会捕食陆生动物，比如蹄兔、猴子、小鳄鱼、乌龟，也有巨蜥或牛蛙等两栖动物。小海雕、各种秃鹰和茶色雕（*Aquila rapax*）以大型哺乳动物的尸体为食，特别是当它们穿越陆地寻找自己的领地的时候。非洲海雕也会从锤头鹳、翠鸟、鹈鹕、鹭等其他掠食性鸟类口中抢夺食物。非洲海雕大部分时间都在守护自己的领地，它们成对地站在水边的树枝上，每天花不到十分钟的时间抓鱼，如果有幼雏需要喂养的话时间会更久一些。它们在水边的金合欢树和大戟树的树枝上筑巢，有时也会选择岩石上露出头的树枝。非洲海雕的巢

直径约为150厘米，用树枝和纸莎草叶子搭建而成，里面铺着芦花。赤道地区的海雕全年任何时候都可以产卵，而非洲南部的海雕产卵期从每年四月到十月，非洲东部的海雕产卵期从每年七月到十二月，非洲西部的则从十月到次年四月。雌海雕每次一般会产下两枚卵，不过有时也会看到一个巢里有四枚卵，两次产卵间隔只有2~3天。雄海雕和雌海雕都会参与孵化和喂养后代的过程，雌海雕主要负责孵化和保护幼雏，雄海雕则会出去觅食以喂养小海雕和海雕妈妈。不过当雌海雕离开巢的时候，雄海雕也会替雌海雕履行职责。通常每窝只有一只雏鸟能够存活下来，而活下来的雏鸟中只有5%能长到成年。雏鸟孵化64~75天后便可飞行，但此后的6~8周内父母还是要继续为它们提供食物。

上图：一只非洲海雕正在捍卫自己的猎物，以免被两只小火烈鸟（*Phoeniconaias minor*）抢走。摄于肯尼亚纳库鲁湖。
右图：一只正在号叫的非洲海雕，人们把这种叫声称为“非洲之声”。摄于博茨瓦纳乔贝国家公园。

与环境的关系

作为站在食物链顶端的肉食动物，非洲海雕经常被生态学家用作评估整个水域生态环境健康程度的参照物——比如某地鱼类的数量变化、水污染程度和栖息地环境改变等。其实，位于食物链较低层级中发生的一切，都会成倍地作用在位于食物链高层的捕食者身上，比如，随着食物链越来越往上，动物体内的毒素也会逐级累积。因此，每一个小小的变化都会对高级捕食者产生更大的影响。

非洲海雕分布范围极广，数量众多，增长趋势较为稳定，因此《世界自然保护联盟濒危物种红色名录》将它的保护级别定为无危。不过，鱼量下降、栖息地缩小和水边用以筑巢的树木数量减少以及水生植物数量的变化，都会影响非洲海雕的捕鱼技术，降低捕猎效率。此外，水中的杀虫剂等污染物会进入鱼体内，之后再在非洲海雕体内不断累积，也对它们的生存造成威胁，比如这些污染物会造成一些地区非洲海雕产下的蛋的壳变薄。以上影响在南非和津巴布韦均能找到记录，但目前并未发现非洲海雕的种群数量有明显下降。

非洲之声

在非洲海雕飞走很远之后，水面上还会回荡着它的叫声，因此非洲海雕的叫声被称作“非洲之声”。非洲海雕通过吼叫这种特殊的方式与同伴交流，共同建立并维持领土的划分。吼叫时，非洲海雕先将头后仰，然后发出响亮而富有特色的“啾啾”声，这种声音和海鸥的叫声类似，通常雄性海雕比雌性海雕的叫声更加尖锐。在繁殖季节，经常能听到成对出入的非洲海雕的“二重唱”，这种行为能使雄海雕和雌海雕之间的关系更加亲密。即使过了交配期，两只非洲海雕也会生活在一起，还会经常分享食物。

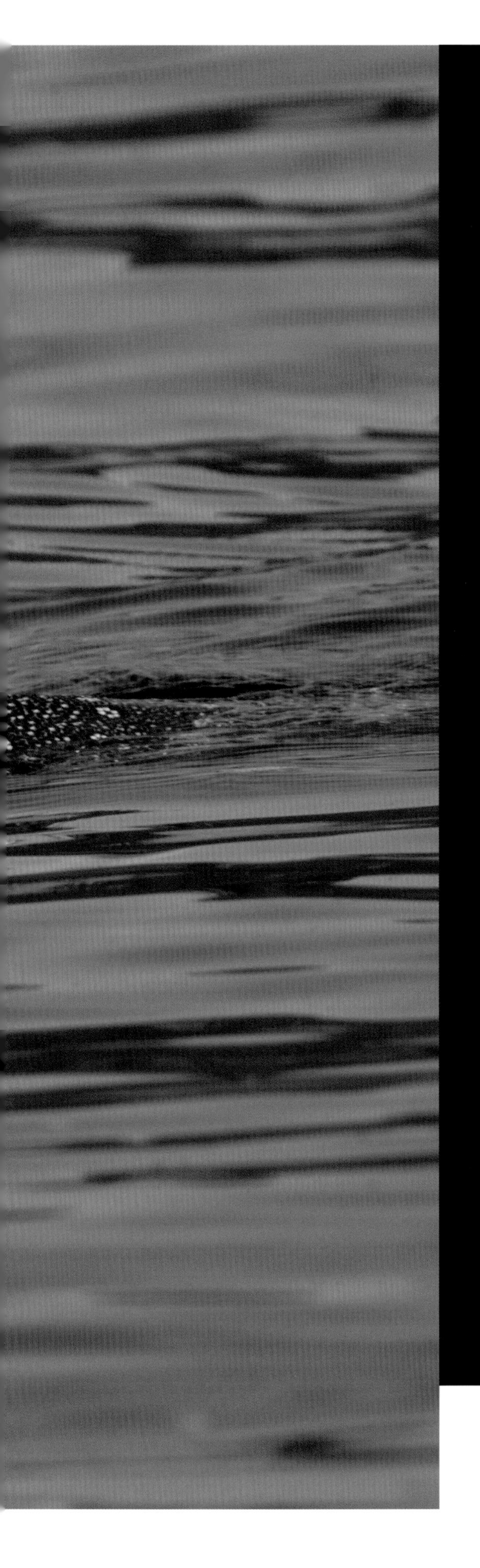

水，珍贵的资源

非洲大陆上的湿地和沼泽主要分布于河湖附近。这些地域通常草木繁茂，时有大群动物出没。水对于动物的生存来说至关重要，就像是黑暗中的灯塔，吸引着稀树草原上大部分动物，其中就有林羚（*Tragelaphus spekii*）等大型半水生哺乳动物，它们在水边觅食，一旦发现危险就立刻潜入水中。

与大型湖泊等永久性保护区不同，水塘和沼泽都是临时性保护区，因为这些地区的情况每年都会根据气候的变化而发生改变，旱季的时候不能为所有动物提供足够的生存条件。当水这种珍贵资源变得稀缺时，体型较大的动物就会开始迁徙，而那些没有能力长距离移动的动物为了生存则会各展其能：尼罗巨蜥（*Varanus niloticus*）会储存脂肪和体液；一些鱼类则会分泌出大量黏液进行自我保护，并把自己埋在变干速度较慢的泥浆里，同时减慢活动频率，就这样度过一整个旱季。草原上所有的居民都期待着雨季再次来临，这样迁走的动物就能重新回到熟悉的家园，而留下的动物也能迎来“生活的回归”。

左图：一头尼罗巨蜥（*Varanus niloticus*）在维多利亚湖中游泳。摄于乌干达恩甘巴岛。

喝水

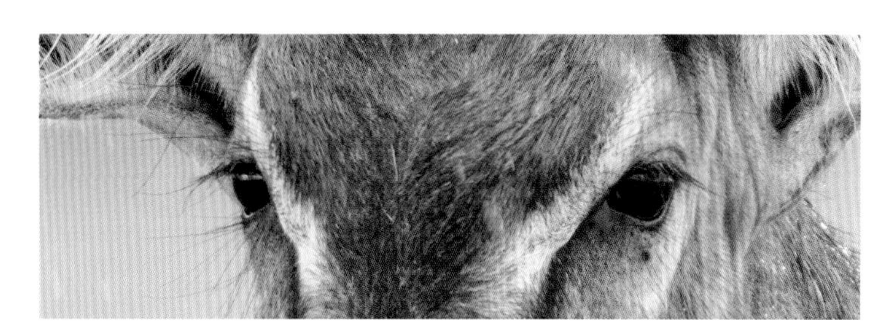

所有草食动物都非常依赖水，它们聚集在水塘、沼泽和湖泊边，甚至不惜与天敌发生正面冲突。水羚就是一种典型的半水生哺乳动物。

林羚

在尼日尔河、刚果河和赞比西河流域，维多利亚湖周边地区和稀树草原南部较为湿润的地区，都可能遇到在芦苇丛中栖息的林羚（*Tragelaphus spekii*）。林羚属牛科，能很好地适应沼泽地中的生活：它们长着四只能够张开的长蹄子，足关节具有特殊的活动能力，很适合在泥泞的沼泽地里行走。林羚是一种典型的中型半水生动物，雄性林羚体重可达120千克，雌性林羚却几乎不超过60千克。通常来说，只有雄性林羚才会长角，呈螺旋状，长度不超过90厘米。林羚两性外貌差异较大，雌性林羚通常

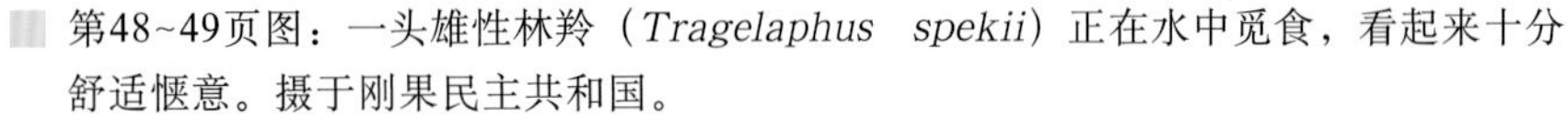

第48~49页图：一头雄性林羚（*Tragelaphus spekii*）正在水中觅食，看起来十分舒适惬意。摄于刚果民主共和国。

上图：一头雄性林羚的近景，画面中它正骄傲地展示着自己的螺旋状长角。

右图：一头雌性林羚带着它的孩子在一群大象喝水时留下的粪便中寻找食物。摄于刚果民主共和国。

为棕褐色，雄性林羚则为灰棕色。林羚的毛皮几乎是专为适应水栖生活而生的，不仅完全防水，而且其颜色还能让林羚在芦苇丛中很好地伪装自己。芦苇丛中厚厚的植被能保护林羚不被鳄鱼发现，所以它们能安然地躲在里面度过大半天的时间。不过，一旦察觉到有危险，林羚就会立刻进入警戒状态：头高高上扬，一只蹄子抬起，就这样一动不动。

林羚并不擅长奔跑，甚至在陆地上显得十分笨拙，但到了水里，它们就会变成游泳健将。所以当危险真正来临时，林羚会潜入水中，只让眼睛和鼻孔露出水面。

林羚没有领地意识，它们是半群居动物：雌性林羚一般会在一起

聚成小群，成年的雄性林羚则会尽量避开同类，只和年轻林羚聚在一起，接近雌性也只是为了交配。林羚的妊娠期持续不到8个月，幼崽出生后会和母亲在一起生活数月，跟着母亲学会如何在沼泽地中行动。目前全世界有9万多头成年林羚，世界自然保护联盟将它列为无危物种。不过，这个数字可能会不断缩减：一方面，可供林羚栖息的湿地面积在不断减少；另一方面，为了获取林羚的肉或皮毛，许多人会设下陷阱捕猎它们，而林羚又总是沿同样的路线活动，所以很容易被捕获。

上图：一头水羚（*Kobus ellipsiprymnus*）正在穿过博斯塔瓦纳乔贝河浅水区。

右图：一头水羚在雨中的近景特写。

水羚

水羚（*Kobus ellipsiprymnus*）比林羚体型更大，雄性水羚体重可达250千克。虽然它的名字叫水羚，但却和水没太大关系。水羚居住在林区，甚至在海拔2100米的林区也有它们的身影。不过，水羚不会住在离水塘太远的地方，除了日常饮水需求，水塘还是它们躲避捕食者攻击的珍贵的避难所。在整个撒哈拉南部、非洲东部和大裂谷地区都有水羚分布。在广袤无垠的非洲大陆上有两种水羚，由于两种水羚身后的花纹不同，过去人们曾将它们区分开来，把屁股上有白色斑点的水羚叫作“粗毛水羚”，而有白色圆圈花纹的则叫作“普通水羚”，现在普遍认为它们是同一物种。随着年龄增长，水羚身体其他部位的毛色会越来越暗，从棕红色变成灰棕色；水羚腿部的毛色接近黑色，蹄子上方有白色条纹。

成年水羚的领地意识很强，它们经常用毛皮上的气味来标记领地。成年水羚的毛皮既浓密又粗糙，上面覆着一层厚厚的油脂，气味十分浓郁，只要它们沿着领地

边界走上一圈，周边的植物都会沾上这种气味。雌性水羚的领地更为广阔，大到会与一些雄性水羚的领地相交，它们甚至能在其中来去自如。没成年的年轻雄性水羚会和自己的母亲生活在一起，到了六岁左右，年轻雄性水羚的角开始冒尖，说明它们可以进行交配了，这时母亲会把它们赶出去。年轻雄性水羚必须找到一块完全属于自己的领地，为了争夺领地有时甚至不得不和年长的雄性水羚进行正面或侧面对抗。

水羚求偶需要遵循特定的仪式，通常包括以下几个步骤：首先，它们会用下巴触碰雌性水羚的臀部，然后紧紧跟在心仪的雌性后面，而且每走一步都要用蹄子重重敲击地面，发出声响；同时，它们还会翻起上嘴唇露出牙齿，出现“裂唇嗅”行为。赤道地区的水羚全年都可以进行交配，经过9个月的妊娠期后，雌性水羚会撤回到保护区林地，在那里产下一头幼羚。小水羚出生30分钟后就能站立，出生后三四周内它们会生活在母亲身边，在6~7个月大时断奶。

目前全世界约有20万头成年水羚，它们的保护等级为无危。如今仍有许多人在捕杀水羚，但他们并不会吃掉散发着难闻气味的水羚肉，而是将水羚当作战利品四处炫耀。

左图：几头水羚聚在一处小水洼边喝水。摄于莫桑比克戈龙戈萨国家公园。

驴羚

看起来似乎是动物贪婪地索取着湿地上的一切，但其实并非如此，有时候，大群的动物对湿地本身也大有裨益。非洲中南部的湿地和驴羚（*Kobus leche*）之间的关系就是例证。卡富埃河是赞比西河的一条支流，河边有大片沼泽地，沼泽地里生活着许多驴羚，它们产生的粪便可以增加土壤的肥力。驴羚体型大小和林羚差不多，但腿要更长一些。除此之外，驴羚蹄子附近的毛还可以防水，因此非常适合在草地上奔跑和觅食。

驴羚通常成群结队地出没，但都是和同性在一起，雌性驴羚只会和未成年的雄性幼崽生活在一起。雄性幼崽通常在五岁时成年，而雌性幼崽一岁半时就已发育成熟，之后它们会分开行动。每年十一月到次年二月之间的雨季是驴羚的交配

记事本

安全与危险之间

水羚非常依赖水这种极其珍贵的资源，在非洲平原地区会出现季节性缺水，雨季和旱季结束时都会出现洪水频发的现象。沼泽地既是水羚觅食和栖息之地，也是它们逃脱狮子和豹子等稀树草原上大型陆地掠食者追击的安全之地。然而，许多雌性水羚在怀孕时还是会选择离开湿地，前往长着高高的草丛的干燥地带分娩，因为草丛可以将新生的小水羚隐藏起来。可是干燥地带的掠食者四处设伏，如果小水羚或小驴羚从藏身之地走出来的话，很容易被大型肉食动物捕获。

左图：一群奔跑的驴羚（*Kobus leche*）。摄于博茨瓦纳奥卡万戈三角洲。

上图：一头母狮正虎视眈眈地盯着一头小水羚。摄于乌干达伊丽莎白女王国家公园。

期，小驴羚在七月至九月之间出生，在出生的前2～3周它们会待在干燥的保护区内。

由于人类很难在沼泽地中行走，因此很难调查驴羚的具体数量，所以只能通过航空调查来了解驴羚的种群数量。截至1999年，成年驴羚约有21.2万头，但是最新的数据表明驴羚数量至少下降了25%，驴羚数量减少的主要原因是人类持续非法捕猎和湿地面积的不断缩减。由于目前驴羚种群数量较少，且消失的速度过快，驴羚已被列入近危物种。

水中的居民

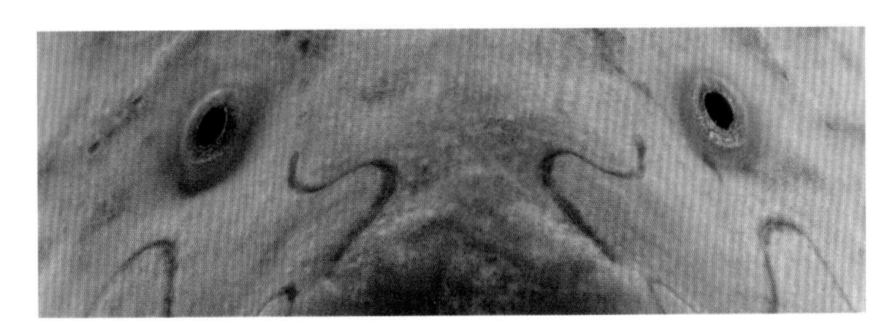

非洲水域中生活着许多五彩斑斓的鱼类，它们有的生活在深水区，有的生活在沼泽，这些生活在沼泽中的鱼类极能适应干旱和周期性降雨环境。

三湖慈鲷

维多利亚湖、坦噶尼喀湖和马拉维湖等非洲大型湖泊有足够的深度和广度，各种各样的物种在其中不断进化。慈鲷（Cichliae）就是湖中的居民之一，它们进化速度极快，因此一直是人类研究的对象。慈鲷科鱼类在非洲淡水水域中分布十分广泛，种类繁多，已记载在册的就有1500多种，不过实际数据估计会更多，全世界范围内可能有超过3000种。

虽然慈鲷科种类繁多，但它们都有着共同的特征——喉部都长了咽颌。咽颌就像长在慈鲷颌骨上的第二块颌骨，这种特殊的构造配

第58~59页图：驼背非鲫（*Cyphotilapia frontosa*）是坦噶尼喀湖特有的物种，其头部高高隆起，看起来就像驼背，因此得名。

上图：非洲凤凰鱼，是一种岩栖类慈鲷，图片中上面是雌鱼，下面是雄鱼。

右图：从这张图中能清晰地看到马拉维湖中种类繁多的慈鲷。

合它们强壮的肌肉组织和坚利的牙齿，可以轻而易举地将食物粉碎成利于吞咽的小块。

慈鲷以多变的形状、颜色和体型而著称于世，它们也因此成为世界各地水族爱好者的“梦中情鱼”。有一些慈鲷体型较小，比如坦噶尼喀湖特有的九间贝是世界上最小的鱼类之一，通常雌性只有25毫米长。九间贝周身呈淡黄色，布有许多颜色稍深的竖纹；还有一些慈鲷体型较大，比如同样生活在坦噶尼喀湖中的90—天使，通常雄性可以达到1米长，呈深灰绿色，竖纹颜色接近黑色。但是，形状最奇特、颜色最艳丽的非中小型慈鲷莫属。

慈鲷家族发展得如此壮大，多亏了其强烈的领地意识：它们总是有各种各样的办法占领每一片生存空间，有时甚至通过打斗的方式来争夺领地。非洲的湖泊形状和深度各异，其中：坦噶尼喀湖长约673千米，宽约72千米，水深约1500米；马拉维湖长约560千米，宽约75千米，水深约700米。两个湖泊都形状狭长。维多利亚湖的外观则更为规整一些，长约337千米，宽约240千米，水深只有80多米。这三个湖泊不仅形状各异，形成的时期也不同，正是这样的差异促成了慈鲷种类的多样性。

专家学者对三大湖中有慈鲷分布的全部区域进行研究后，发现了各种慈鲷之间的一些共同的进化特征，以及它们奇特的外形与食物之间的关系：一些唇色鲷属物种虽然体型短粗，头很小，却牙尖嘴利，它们通常以软体动物、贝壳类动物和岩石上的水藻为食；还有一些慈鲷体型纤细，头和嘴长且上扬，通常以软体动物为食。不过，总的来说，慈鲷是杂食动物，它们大部分时间都穿梭于岩石和沙子之间寻找食物。慈鲷最主要的食物是水藻，但一些较大的慈鲷也通过捕食昆虫、软体动物和其他鱼类来补充蛋白质。

在最为著名的非洲慈鲷中，马拉维湖中的慈鲷位列其中。在齐切瓦语（马拉维官方语言和非洲中南部大部分地区使用的语言）中，它们被叫作“mbuna”，意思是“在岩石之中”。这些鱼习惯于生活在靠近湖岸的礁岩之间，因此得名岩栖慈鲷。不过，湖里的岩栖慈鲷可不止一种，包括唇色鲷属、黑丽鱼属和若丽鱼属，它们的领地意识明显强于其他物种，但却习惯了多个种属各异的庞大群体生活在一起，这似乎是它们的一种防卫策略：从统计学上来讲，样本数量众多的时候，某一个体被捕食的概率就微乎其微了。和其他非洲大湖中的慈鲷一样，马拉维湖中的成年慈鲷也都用嘴来孵化鱼卵：雌鱼会把产下的卵含在自己嘴里，小鱼苗孵化后立刻就会离开妈妈独自生活。

慈鲷家族成员众多，分布范围极广，因此暂时还没有灭绝的风险。但是由于栖息地减少、外来物种的入侵和人类非法捕捞并出口到

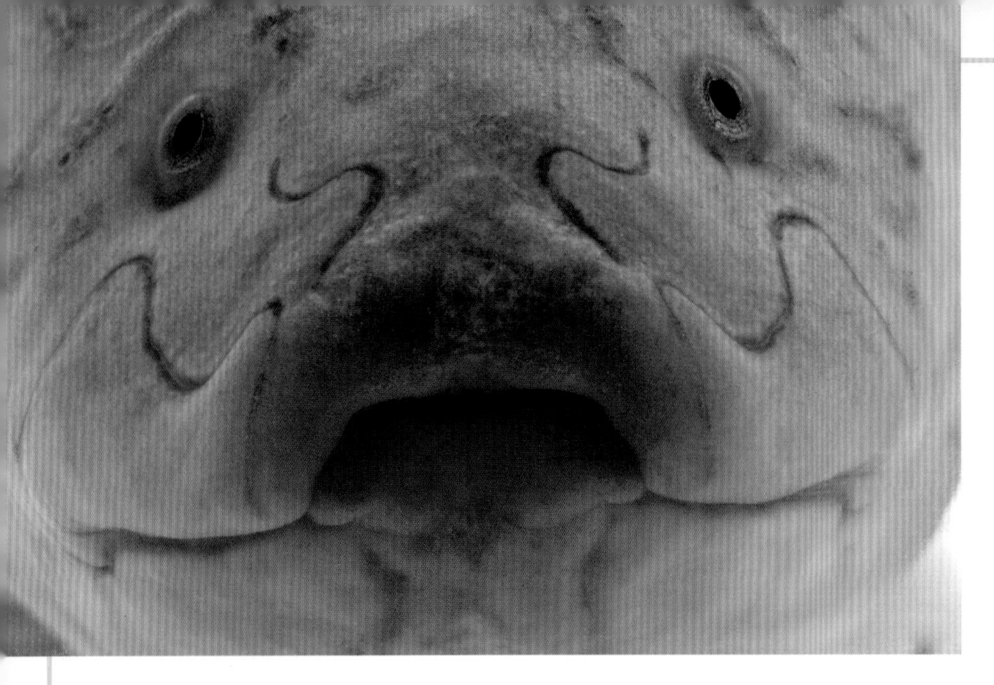

上图：非洲肺鱼（*Protopterus annectens*）近景图。摄于莫桑比克戈龙戈萨国家公园。

右图：浅水区中的一条非洲肺鱼，其线状胸鳍清晰可见。摄于莫桑比克戈龙戈萨国家公园。

世界各地的水族馆等行为，一些地区特有的慈鲷科鱼类很可能面临灭绝，因此慈鲷的种群多样性依然令人担忧。

多鳍鱼和非洲肺鱼

非洲的内陆水域处在不断变化中，雨季总是洪水泛滥。雨季河流水量暴涨，在周边形成大片沼泽地，很快里面就会有生命栖居。而到了旱季，这些生机勃勃的湿地会逐渐缩小直至消失。但生命永远不会消失，生活在周期性湿地中的水生生物通过进化获得了在极端干旱条件下生存的能力，非洲肺鱼就是其中之一。非洲肺鱼有像肺一样的特殊器官，能利用空气中的氧气，所以在没有水的环境中也能存活，这点从它的名字就可见一斑。

本节主要介绍两种能在旱地生存的特殊鱼类：一种是非洲肺鱼，属非洲肺鱼科；另一种是多鳍鱼，属多鳍鱼科。

多鳍鱼和慈鲷一样是众多水族爱好者的“梦中情鱼”，因为它天性温和，总是在河口活动，而且外貌看起来像是等着猎物送上门来的卧龙。多鳍鱼体长在25厘米到1米不等，有着奇特的棘状背鳍，不同种类的多鳍鱼背上棘的数量也不同，最多的有18条，棘状背鳍中的每一条都有锋利的刺状鳍骨。此外，它们还长着带有肉质叶的腹鳍（一种极其原始的结构，证明这是一个非常古老的物种），所以当生活的水塘变干时，它们就能在泥泞里笨拙地移动，就好像长了爪子一样。

非洲肺鱼同样体型细长，看起来很像鳗鱼。其胸鳍、腹鳍形状特殊，类似于长线，尾鳍和背鳍则合为一体。非洲肺鱼既能游泳，又能“爬行”。非洲肺鱼比它们的“表亲”多鳍鱼体型更大，有时体长甚至能达到两米。

在极度缺水的情况下，多鳍鱼和非洲肺鱼都可以钻入变干、变硬速度较慢的淤泥中“夏眠”，等雨季来临再重新回到有水的环境里。“夏眠”可达数月之久，其间这些神奇的生命体内代谢变慢，可以靠呼吸空气来获得氧气，有些非洲肺鱼代谢速率会降低到只有正常水平的六十分之一。另外，它们会分泌黏液裹住周身以保护自己，防止体内水分流失。非洲肺鱼是西非最具代表性的一种肺鱼，旱季时它们会在地上挖一个垂直的洞，把嘴露出来，以便让空气中的氧气进入呼吸系统；当水渗进土壤，地表变得干旱时，它们就会分泌黏液封住嘴巴以减少水分流失。

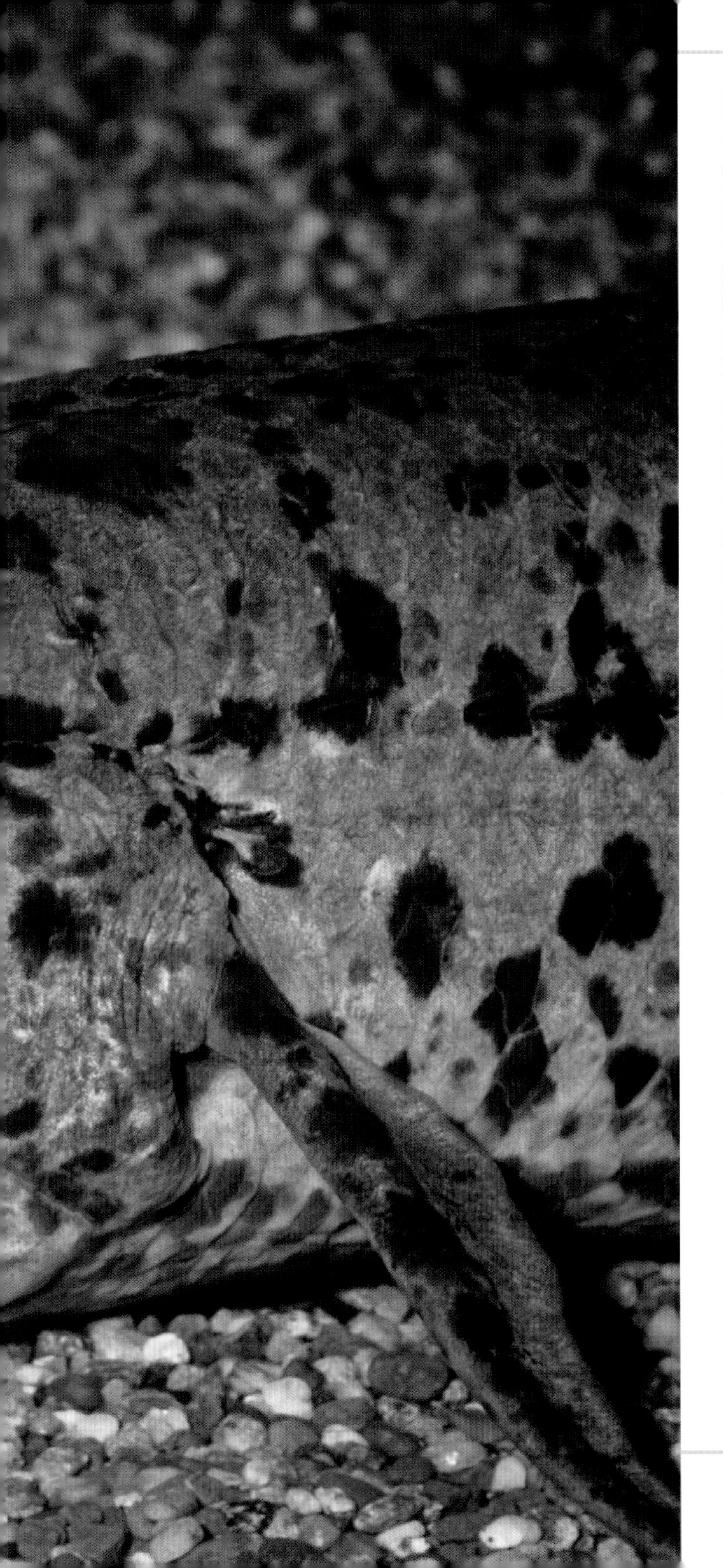

聚焦 长长的基因组

石花肺鱼属非洲肺鱼科，主要分布在尼罗河与刚果盆地，是世界上拥有最大基因组的动物。基因组是指组成生物体所需的所有信息的综合。在基因组中，我们可以找到全部的遗传物质——基因，也就是编码DNA、非编码DNA、线粒体DNA和叶绿体DNA。

在进一步弄清楚基因组是什么之前，我们先来想象一下有一对互相配对的核苷酸，它们是生物遗传物质的基本组成单位；核苷酸对相互盘绕成一条双螺旋结构的长链，这就是DNA。通常来说，基因组序列（即全部碱基对）越长，生物体就越复杂：人类的基因组有32.89亿个碱基对，而简单的病毒基因组“仅有”1759个碱基对。石花肺鱼基因组共有约1300亿个碱基对，是目前世界上已知的拥有最大基因组的动物，至少是拥有最大基因组的脊椎动物。

左图：非洲水域中的一条石花肺鱼（*Protopterus aethiopicus*），其遍布周身的石花纹理清晰可见，这种鱼也正是因为其独特的纹理而得名。

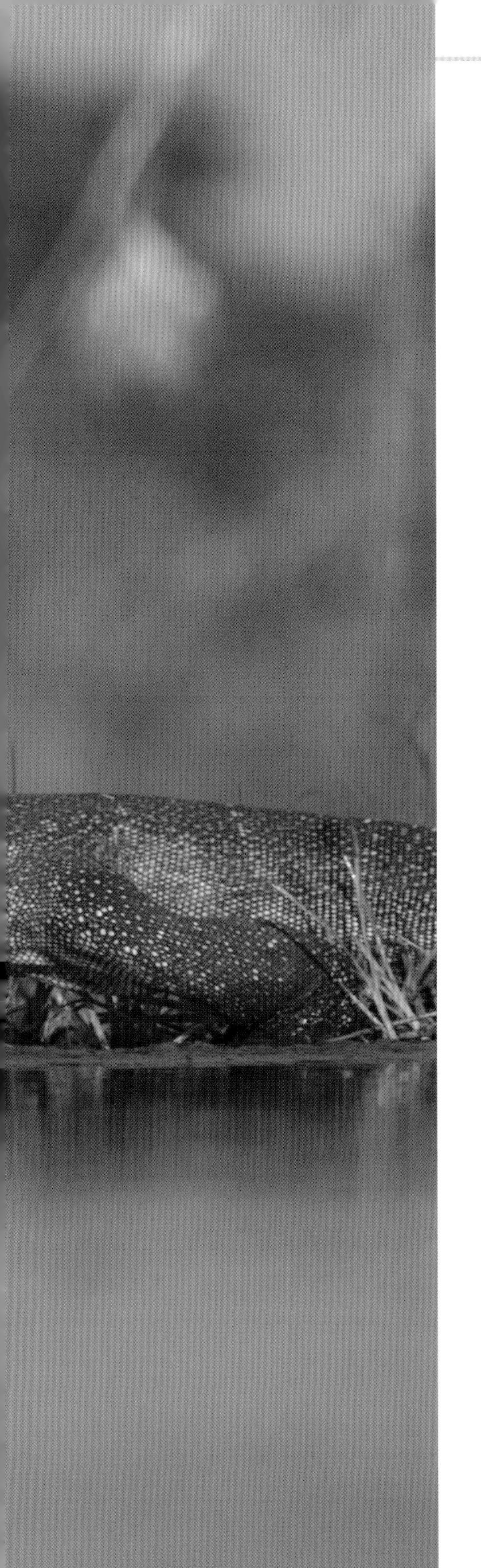

水陆之间

非洲大陆上旱雨两季水位变化较大，因此许多爬行动物和甲壳类动物不仅要适应有水的环境，还要学会如何在陆地上生存。

尼罗巨蜥

尼罗巨蜥（*Varanus niloticus*）在非洲全境均有分布，树林、稀树草原、临时或永久性的河流湖泊等水源附近都是它们的栖息地。尼罗巨蜥是一种半水生动物，擅长攀岩、游泳和跑步，因此能适应陆地和水域等多种环境的生活。成年尼罗巨蜥鼻孔位于近吻端处、头骨上部，潜水时可以露出水面更好地呼吸，因此能在水下待半个多小时之久。强壮有力的尾巴在游泳时能为其提供向前的推动力，垂直变平时还能辅助攀岩。锋利的爪子让它

第66~67页图：一条尼罗河巨蜥（*Varanus niloticus*）正在沿着湖岸捕猎。

上图：一条尼罗河巨蜥想要穿过小溪。摄于坦桑尼亚马亚拉湖国家公园。

右图：一条年轻的尼罗河巨蜥敏捷地攀上树枝。

可以轻松爬上5~6米高的树。尼罗巨蜥每天都要晒好几小时太阳，所以生活的环境除了要有水，还必须有开阔的没有阴影的地带。年轻的尼罗巨蜥总是趴在树枝上，这样一旦有任何风吹草动，它们立刻就能跳入水中。它们的皮肤上覆盖着小而圆的鳞片，这些鳞片彼此并不重叠，形状很像珠子。尼罗巨蜥体长达两米，其中尾巴占据了体长的一半。雄性尼罗巨蜥通常比雌性体型更大，不过很难通过外貌特征来区分它们的性别，因为它们表面上看起来并没有什么特别大的差异。

危险入侵

早在1990年，美国佛罗里达州就发现了尼罗巨蜥的存在：基因研究表明，这些漂洋过海而来的动物原产于西非。外来的尼罗巨蜥很可能对密河鳄和美洲鳄等美国本土鳄鱼的正常生活造成不利影响，因为在非洲，尼罗巨蜥就经常入侵尼罗鳄的巢穴捕食鳄鱼幼崽。

尼罗巨蜥是一种机会主义掠食者，对食物没有任何挑剔，几乎什么都吃。在水中的时候它们主要吃鱼类、甲壳类动物和软体动物，到了陆地上就会捕食昆虫、爬行动物、飞禽和小型哺乳动物，有时还会吃动物尸体，当然也不会放过尼罗鳄的蛋。如果栖息地周围有人类居住的话，它们甚至会到垃圾桶里翻找食物。除了栖息地周围的食物分布情况，尼罗巨蜥的饮食结构与其自身年龄也有关联：年轻的尼罗巨蜥主要吃昆虫、鱼类和其他小型猎物，成年尼罗巨蜥还会捕食

上图：草丛中一条尼罗巨蜥正要啃食猫鱼尸体。摄于莫桑比克戈龙戈萨国家公园。

除同类之外的巨蜥及其他较小的爬行类动物、小型飞鸟和啮齿动物。随着年龄逐渐增长，反应能力和速度变慢，尼罗巨蜥会开始吃一些行动迟缓的腹足类动物、双壳类动物和甲壳类动物。尼罗巨蜥饮食结构的改变跟牙齿的变化也有关系：年轻的尼罗巨蜥口腔前部的牙齿十分锋利，但随着年岁的增长，锋利的牙齿会逐渐磨平、变钝，更适合用来碾碎软体动物的壳，所以这类动物就成了老年尼罗巨蜥的主要食物来源。

尼罗巨蜥交配和产卵通常在雨季末尾进行：雌性巨蜥会在地面或白蚁窝附近挖出一个洞，产下

记事本

“立体”嗅觉

尼罗巨蜥的分叉舌是它的嗅觉器官，对气味十分敏感。不过，尼罗巨蜥还有一种“立体”嗅觉：舌头的每个分叉都能独立感知气味。就像人类的每只耳朵都能捕捉到声音一样。尼罗巨蜥舌头的每个分叉都能准确识别气味的来源，而且依靠舌头的伸缩把气味传达到位于上腭的一种特殊的感觉器官，通常人们把它叫作“雅克布逊器官”。

上图：尼罗巨蜥的舌头是一个重要的嗅觉器官，图中这只刚从洞口中探出头来的尼罗巨蜥对着镜头展示着它的舌头。摄于南非克鲁格国家公园。

20～60枚蛋。如果蛋产在白蚁洞内，白蚁不会攻击巨蜥蛋，而是会掩埋洞口，这样就能保护巨蜥蛋不被其他捕食者发现。另外，白蚁窝有恒定的温度和湿度，能为巨蜥蛋孵化提供适宜的环境。

尼罗巨蜥几乎没有天敌，不过其幼崽很可能成为非洲岩蟒的猎物。大岩蟒可以在半小时内吞下一整条140厘米长的巨蜥幼崽。鳄鱼有时也会捕食尼罗巨蜥，这时尼罗巨蜥就会弓起背，发出嘶嘶声，不断甩动像鞭子一样粗大的尾巴来保护自己。遇到危险时，它们也会用牙齿撕咬进行反击，或者从泄殖腔排出恶臭难闻的物质将攻击者赶走。

目前，为了获取尼罗巨蜥的肉和皮，有人在非洲大量猎杀尼罗巨蜥。一些地区的人甚至信仰一种古老的传说，认为尼罗巨蜥生殖器官中的脂肪能治疗耳朵疼痛，还能预防被雷击中。

上图：一群锯齿侧颈龟（*Pelusios sinuatus*）正趴在河马背上晒太阳。摄于南非。

右图：一只沼泽侧颈龟（*Pelomedusa subrufa*）伸展四肢，尽可能多地让自己晒到太阳。摄于肯尼亚。

侧颈龟

非洲淡水水域是多种水栖龟的栖息地，其中包括非洲侧颈龟属和侧颈龟属动物，它们都是非洲大陆上的特有物种，同属于侧颈龟科。

侧颈龟科动物的代表是沼泽侧颈龟（*Pelomedusa subrufa*），也叫钢盔侧颈龟。这种龟体型很小，龟壳长度不足20厘米。最突出的特点是，当龟壳朝上时，它可以扭动肌肉发达的长脖子，自己翻过身来。沼泽侧颈龟最喜欢的栖息地是没有活水的水塘，如沼泽和湖泊等，偶尔也会在河流中出没。沼泽侧颈龟是杂食动物，几乎不挑食，甚至连腐肉都吃：它们用后腿的爪子将腐肉撕成碎片，然后再吃掉。由于它们是水栖龟中唯一经常成群结队捕猎的物种，人们给它们起了“鳄鱼龟”这个外号。如果在湖里有许多只同类，沼泽侧颈龟就会成群结队去觅食：一群沼泽侧颈龟共同向水鸟、鱼、蛇或其他龟等单个猎物发起攻击，把它们拖进水里杀死。从岸上观察，这样的打斗场景就像鳄鱼在发起进攻。2015年，人们第一次亲眼目睹了两只沼泽侧颈龟给水里的一头南非疣猪提供“清洁服务”：疣猪摆出最佳姿势，好让沼泽侧颈龟爬过来，耐心地等着它抓走自己身上的扁虱等寄生虫。研究人员认为，沼泽侧颈龟的这一行为是因为旱季食物不够，使得它们不得不去抓疣猪等动物身上的寄生虫和其他无脊椎动物以填饱肚子。沼泽侧颈龟在雨季可以离

开生活的水塘或湖泊，爬到陆地上来寻找食物。而到了旱季水塘变干的时候，它们会在地上挖一个洞把自己埋起来，等到下雨时再从洞里钻出来，有时它们会在洞里一连待上几个月甚至几年。

锯齿侧颈龟也是侧颈龟科动物，不过它要比沼泽侧颈龟更大一些，其龟壳长度可达55厘米，通常雌性比雄性个头更大。锯齿侧颈龟生活在东非热带地区的河湖流域中，但与沼泽侧颈龟不同的是，沼泽侧颈龟腹甲（龟壳腹部）呈铰链结构，可以活动，因此具有一定的移动能力。

当腿、头和尾巴都缩起来时，锯齿侧颈龟龟壳就会完全关闭，还会分泌出恶臭液体来驱赶掠食者，进行自我保护。锯齿侧颈龟还经常在泥泞的路堤边、漂浮的浮木上甚至河马的背上晒太阳。

聚焦 独特的螃蟹

非洲目前已知的淡水蟹有上百种，但由于每一种螃蟹的数量都很少，所以人们对它们的整体了解不多，或许实际种类比已知的要多。其中，仿溪蟹科是非洲大陆上特有的种类，也是最主要、数目最多的一类淡水蟹。在湿润的林地中能找到大部分仿溪蟹科种属；稀树草原上的种属则较少，因为草原上水源较为稀缺。大多数已发现的种类都生活在大河流域的活水中，比如尼罗河仿溪蟹生活在尼罗河，甚至在一些灌溉渠中也能找到仿溪蟹；而维多利亚湖及坦噶尼喀湖等大型湖泊则是多种仿溪蟹的家园。一些较小的湖泊中也分布着一些特有的物种，如2001年发现的卢卡万兹岛仿溪蟹，只在卢旺达西部的卢卡万兹湖中才有分布。

淡水仿溪蟹与近亲咸水仿溪蟹非常相似，最大都能达到10厘米长，而且两只螯不一样，通常右螯比左螯更大。不过淡水仿溪蟹与咸水仿溪蟹之间也有些许差异，如淡水仿溪蟹产卵更少，最多产下几百枚，而且不会经历幼体阶段，新孵化出的淡水仿溪蟹除了体型比较小，其他外观和成体并没有什么不同。仿溪蟹是一种杂食动物，有几种仿溪蟹还长了类似肺的器官，可以在旱地上存活更久的时间：在极端干旱的情况下，它们会钻进泥浆里等待降雨。

左图：一只溪蟹属螃蟹正在做典型的防御动作，两只螯的大小差异十分明显。

捕鱼能手——翠鸟

非洲大陆上的每一片湖泊与河流都栖息着许多种类不同的鸟类。它们的羽毛五颜六色，腿部形状各异，就连喙都是多种多样的：翠鸟的喙又长又直，鹈鹕尖尖的喙又大又奇特，而黄嘴鹮鹳和鞍嘴鹳则有着色彩十分绚丽的喙。

大自然给非洲水域生活的鸟儿提供了完美的舞台，它们色彩斑斓、姿态优美，时而喧嚣而好斗，时而安静而胆怯，唯一不变的是它们对水栖生活总是有着超强的适应能力：各个都是捕鱼能手，在天空中如行云流水般飞行，一发现猎物就闪电般扎进水里，用无情的喙将鱼抓出水面。

除了要适应人类活动导致的自然环境变化、抵挡天敌的袭击，这些大大小小的鸟儿的日常生活还面临着寻找食物和栖息地、保护和喂养雏鸟等其他挑战，鸟类的生存不断面临着新的危机。

左图：一只斑鱼狗（*Ceryle rudis*）捕猎失败后从乔贝河水面浮出。摄于博茨瓦纳乔贝国家公园。

非洲翠鸟

翠鸟在栖木上一动不动，警觉地观察着水面。看，有动静引起了它的注意：一条色彩斑斓的鱼一闪而过。翠鸟以迅雷不及掩耳之势钻进水里，片刻间就叼着猎物露出水面。

翠鸟颜色鲜艳，属于翠鸟科（Alcedinidae），在非洲、欧亚大陆、南美洲和大洋洲等全世界范围内有众多种属。并不是所有翠鸟都会捕鱼，也有一些翠鸟栖息在丛林或稀树草原等远离河湖的地带，习惯于在陆地上捕食。所有翠鸟都长着颜色亮丽的羽毛、短短的尾巴，头部很宽，喙很长。

大鱼狗（*Megaceryle maxima*）虽然体长只有50厘米，却是最大的非洲翠鸟之一，分布在整个撒

哈拉地区。大鱼狗最喜欢河水和溪流附近植被丰富的栖息地。大鱼狗的性别二态性非常明显，雄鸟通常比雌鸟体型更大、更健壮；无论雌雄，大鱼狗的羽毛都以黑色为主，有明显的白色小斑点，不过雄鸟和雌鸟的斑点分布不同，雄鸟胸部呈棕红色，而雌鸟胸部为黑色且点缀着白色斑点，腹部呈棕红色。大鱼狗的头上有长而粗硬的羽冠，黑色的喙又长又直。

翠鸟科属佛法僧目（Coraciiformes）。佛法僧目成员众多，还包括戴胜科（Upupidae）和蜂虎科（Meropidae）等科的鸟类。它们的共同特点是脚短且形态特殊，其中两根脚趾向前，并在基部并连，这样的脚趾能帮助它们挖土。它们是所谓的“穴居”鸟类，在繁殖期比较活跃，会在地上挖出一个大小合适的空间用于产卵和孵化雏鸟。

第78~79页图：一只大鱼狗（*Megaceryle maxima*）嘴里衔着刚捕获的猎物在空中飞行。摄于博茨瓦纳乔贝河。
左图：这只大鱼狗成功抓到一只螃蟹。摄于博茨瓦纳乔贝河。
上图：一对斑鱼狗（*Ceryle rudis*）栖息在一根芦苇上。摄于博茨瓦纳乔贝河。

不同地区居住的大鱼狗交配期不同。每到交配季节，大鱼狗会在河边沙岸上挖一个两米长的洞，洞的尽头有一个小小的房间用于雌鸟产卵。雌鸟每次能产下3~5枚卵。雌鸟和雄鸟都会想办法储存食物，它们整月都会轮流忙着孵化、照顾雏鸟，雏鸟长到8周时就会离开鸟巢。大鱼狗以螃蟹、鱼类和两栖动物为食，而且能熟练地用喙觅食。

如今大鱼狗的数量正在不断减少，世界自然保护联盟目前仍把它列为无危等级。

斑鱼狗（*Ceryle rudis*）周身羽毛黑白相间，很容易辨认：雄鸟的背为黑色，翅膀和尾巴上的羽毛有白色条带，腹部羽毛为白色，胸部有两条黑色胸带，就像衣领子一样；雌鸟背部和雄鸟一样为黑色，但雌鸟的胸带仅有一条，并且从后颈部中断。

飞行技巧

翠鸟是飞行健将，它们的飞行姿态灵巧而又优美，即所谓的“圣灵”式飞行姿势：翅膀近端保持不动，远端迅速振动，能这样在空中悬停好几分钟，以便巡查地面，一旦发现猎物便立刻俯冲过去。悬停在空中时它们保持静止的姿态，让人联想到经典肖像画中的圣灵：一只鸽子一动不动地悬停在空中，翅膀伸展。“圣灵”式这种特殊的飞行技巧也因此而得名。

斑鱼狗体型中等，体长约25厘米。头部有一簇突出的冠羽，长而尖的喙看起来有些与身体的其他部位不相称。斑鱼狗眼睛上方有一条浅色羽带，就好像它的眉毛一样。斑鱼狗十分喧闹，叫声尖细，类似于喳喳声。它们经常出没于水边，比如海岸、河岸、淡水或咸水水域和内陆沼泽地等地带。

斑鱼狗筑巢时会挖一条30厘米左右的长隧道，巢穴就在隧道尽头。雌鸟会在巢穴中产下2~6枚卵，父母双方都会参与孵化过程。等到雏鸟孵化出来，雄鸟会外出为整个家庭寻找食物。雄鸟捕食速度快，技术几乎无懈可击，带回来的食物通常包括鱼类、两栖动物和水生无脊椎动物等。

左图：三只斑鱼狗栖息在一根树枝上。摄于南非夸祖鲁-纳塔尔省辛安佳私人动物保护区。

上图：近景中这只美丽的冠翠鸟（*Alcedo cristata*）正在展示它艳丽的羽毛。摄于几内亚比绍比热戈斯群岛。

右图：一只嘴里衔着猎物的斑鱼狗正飞离水面。摄于冈比亚。

斑鱼狗通常几乎是垂直地头朝下掠过水面，发现猎物后就用喙垂直将它叼上来。它们可以一边飞行一边吞食猎物，根本不需要停留在一个固定的地方将猎物吃完，因此在飞过面积较大的水域时也可以进食。

翠鸟通常会固定栖居在某个栖息地，只有在迁徙的季节才会进行短距离旅行。与其他翠鸟不同的是，斑鱼狗通常群居，总是在栖息地成群结队地出现。世界自然保护联盟将它列为无危物种。

冠翠鸟是非洲翠鸟科的另一种鸟类。它的顶冠羽毛颜色青翠，就像蓝绿宝石一样，因此而得名。

冠翠鸟体型较小，体长只有12～14厘米。背上的羽毛通常呈

记事本

名副其实的捕鱼能手

翠鸟飞得极快，入水的速度常常让猎物措手不及，甚至根本没时间反应。无论是正在掠过水面，还是在栖息地等待猎物，它们都能以闪电般的速度潜入水面。

翠鸟飞出水面时，嘴里总是牢牢衔着战利品。有些翠鸟在飞行时就能把鱼吞入腹中；其他种类的翠鸟则等飞到了栖息地再享用：它们不断晃动着喙，把可怜的猎物在树枝上撞晕，然后把它高高地抛向空中，再张嘴从空中接住，这样就不会被鱼鳍割伤，也不会因此而喉咙肿痛。

金属蓝色，嘴和腹部呈棕红色，喉咙和颈部两侧有两块明显的白色斑块。成年冠翠鸟的腿和嘴都是鲜艳的红色，年轻的冠翠鸟嘴部颜色更深一些。冠翠鸟喜欢选择平静的水域作为栖息地，比如长着芦苇和水草的湖泊、池塘等。

冠翠鸟也会把巢穴挖在沙地中。冠翠鸟挖出的隧道微微向上倾斜，隧道尽头就是产卵的巢穴，巢穴底部铺着一层鱼骨和反刍出的鱼鳞，雌鸟会在这上面产卵，每次产下3~6枚圆形白色卵。冠翠鸟数量目前稳定，因此世界自然保护联盟将它列为无危物种。

奇怪的喙

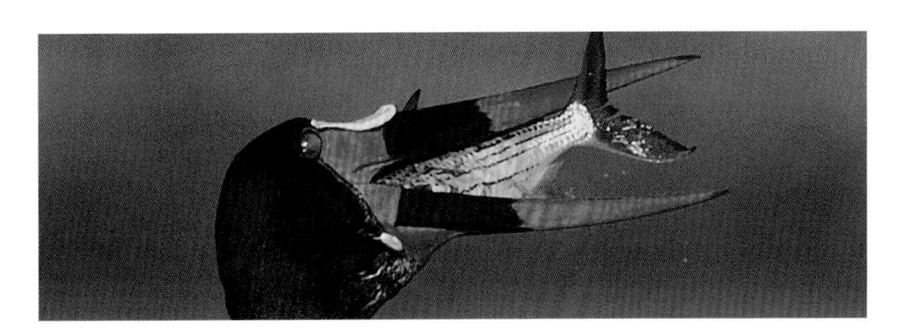

靴子状、鞍状、剪子状……奇形怪状的喙让鸟类更加具有辨识度。这就是进化赋予鸟类的礼物，让它们成为在非洲水域中生存的捕鱼能手。

鲸头鹳

奇形怪状的喙和优雅的灰色羽毛是鲸头鹳（*Balaeniceps rex*）这种鸟类独有的特征。鲸头鹳属鹈形目，该目鸟类一般体型较大，身高150厘米左右，翼展可达260厘米，体重约7千克。鲸头鹳的喙就像一个巨大的木靴一样，喙尖端弯成钩状，因此它也有另一个名字——“靴嘴鸟”。

鲸头鹳的眼睛显得炯炯有神，枕部有一簇特别的羽毛。

鲸头鹳的腿和脚趾很长，有利于它们在水面上漂浮着的茂密水草中行走，因为它们最爱在河湖沼泽等水草繁茂的地方觅食。它们常

第86~87页图：一只鲸头鹳（*Balaeniceps rex*）在赞比亚班韦乌卢湖附近着陆。

上图：一只雌性鲸头鹳和一只两个月大的雏鸟在赞比亚班韦乌卢湖附近栖息。

右图：鲸头鹳特写。摄于中非。

用靴形喙在水草间谨慎地翻找，或者到水没过胸部的地方寻找鱼、青蛙、蛇或小型爬行动物等猎物。

每当发现猎物，它们都会垂下头张开翅膀，把嘴伸进水里。鲸头鹳叼上来的除食物外常常还有很多水草，因此它们不断晃动巨大的喙以将水草分开。靴形喙还赋予了鲸头鹳特殊的捕猎技巧：它们常在水中持续几小时一动不动，守株待兔，一有猎物靠近，它们就会用尖利的喙像斧子一样劈下来，几乎没有猎物能逃脱。

鲸头鹳大部分时间都在地面度过，不过它们也具有良好的飞行能力。鲸头鹳飞得很慢，翅膀扇得却很用力。飞行时，它们的头保持在肩膀中间位置，腿部向后伸展。鲸头鹳可以依靠上升气流使自己飞得更高，但它们通常在低空飞行或贴着水面飞行。如果受到了惊扰，它们就会迅速起飞，到较高的树枝上躲避危险。

鲸头鹳通常在雨季繁殖。配对的鲸头鹳会把巢穴建在僻静之地，比如沼泽地等周围有较高水生植物掩护的地方。它们会在地上挖出一个较浅的洞，每次最多产下3枚绿色的卵，体积不大。有时它们会把筑巢地选在有茂密的灯芯草等水生植物铺成的草丛中。鲸头鹳父母双方都会参与哺育雏鸟至少五个月，直到雏鸟离开鸟巢，但遗憾的是，雏鸟的存活率并不是很高。

鲸头鹳几乎不会叫，甚至能一连好几天都不发出任何声音。但它们经常会用喙快速敲击物体发出声响，听起来就像机关枪扫射一样。

在苏丹和乌干达等非洲国家，鲸头鹳是一种保护动物。由于许多

上图：博茨瓦纳乔贝河边，一只鞍嘴鹳（*Ephippiornynchus senegalensis*）正在吞食猎物。

右图：博茨瓦纳乔贝国家公园内，一只非洲剪嘴鸥（*Rynchops flavirostris*）张着嘴在乔贝河水面划出一个大口子 。

沼泽湿地都变成了农田，可供觅食和繁殖的理想栖息地逐年减少，给鲸头鹳的生存带来极大的威胁。另一方面这种鸟类独特的外观引得许多走私者竞相猎杀，再以高价卖出。因此，世界自然保护联盟把它们列为易危物种。

鞍嘴鹳

鞍嘴鹳（*Ephippiornynchus senegalensis*）是最高的鹳科鸟类之一。

喙无疑是鞍嘴鹳身上最具特色的部位。它们的喙很长，有点向上弯曲，基部和尖端都是红色的，中间有黑色条带，喙的上部还有一块鞍形的黄色肉垂。

鞍嘴鹳的身体和脖子细长，头却很大，棕色的长腿上长着红色的关节。鞍嘴鹳翅膀长长的，尾巴直直的，长短适中。头部、颈部、翅膀上部和尾巴上的羽毛是油亮的黑色，其他部位的羽毛皆为纯白色，两种色彩的羽毛形成鲜明的对比。鞍嘴鹳头部和面部几乎没有羽毛覆盖，现出红色的皮肤，它的眼睛很突出，雌鸟眼睛呈黄色，雄鸟眼睛则为棕色，这是鞍嘴鹳为数不多的性别二态性之一。而在羽毛颜色和体型大小方面，雌雄鸟看起来相差无几，只有在飞翔的时候才较为明显：雌鸟的飞羽比雄鸟的更白。

鞍嘴鹳通常不会成群结队活动，它们仅成对出没。一对鞍嘴鹳会在高高的树枝上筑巢，父母双方都会参与照顾雏鸟。鞍嘴鹳和其他大部分鹳科鸟类一样，会伸展着脖子飞行。飞行时喙由于没有支撑，会保持在腹部以下的高度，因此在空中时它们的喙更加具有辨识度。

鞍嘴鹳最喜欢的食物是鱼、青蛙、蟹、某些雏鸟和爬行动物。它们捕食的方式多种多样：有时会一动不动，等到猎物靠近的时候再猛地刺下去；有时它们会用喙在水草中或泥浆里不停地翻找，尽可能找到更多食物。

剪嘴鸥

非洲剪嘴鸥（*Rynchops flavirostris*）是剪嘴鸥科鸟类。其头部、背部、翅膀和尾部羽毛呈黑色，身体其他部位羽毛均为白色。剪嘴鸥的喙也很有特色，整体为橙红色，尖端为黄色，下嘴较上嘴更长。由于喙的边缘扁平，看起来很像剪刀的刀片，所以人们给它起了“剪嘴鸥”这个名字。

剪嘴鸥在沙地上挖一个简单的小坑就可以作为巢穴。雌鸟每次在巢中产下2~4枚卵，父母双方会轮流孵卵三周。由于卵产在陆地上，很容易被路过的河马、大象等大型动物踩踏，所以非常脆弱。孵化出的雏鸟腹部长着柔软蓬松的白色羽毛，身体其他部位有深色斑点。

目前，剪嘴鸥的生存现状令人担忧，世界自然保护联盟将其列为近危物种。

张开嘴捕鱼！

剪嘴鸥形状特殊的喙在捕鱼时能派上大用场。贴着水面低空飞行时，它们会半张着嘴，让更长的下嘴浸在水中。一旦有猎物入口，它就会立刻紧闭嘴巴将其吞下，甚至能一边飞行一边完成吞咽。

长腿鸟

这些以捕鱼为生的鸟类长着像高跷一样的长腿，站得笔直，时刻观察着河湖水面，随时准备把嘴伸进水里咬住猎物，给它们致命一击。敏捷、智慧、迅速及最为人称道的优雅，都是这类鸟具有的良好特质。

黄嘴鹮鹳

黄嘴鹮鹳（*Mycteria ibis*）属鹳科，广泛分布于撒哈拉以南非洲和马达加斯加岛上。黄嘴鹮鹳的喙很容易辨认，它们的喙呈深黄色，大约20厘米长，尖端微微向下弯曲，侧边比其他同科鸟类更加圆钝。这种鸟的头部没有羽毛覆盖，面部为橙红色，就像蒙了一层面罩一样，让其外貌特征更加明显。

黄嘴鹮鹳全身羽毛呈粉白色，翅膀末端和短短的尾巴则为黑色。

黄嘴鹮鹳高约1米，雄鸟比雌鸟体型更大，喙也更长而有力。这种鸟的腿很长，喜欢在湖泊与池塘的浅水区大步行走。

黄嘴鹮鹳天性喜群居，总是结成小队觅食和在繁殖地活动。黄嘴鹮鹳通过不断切换飞行和滑翔两种模式来尽可能降低能量消耗。它们不但能俯冲入水，还能完成急转弯和旋转，堪称“特技飞行大师”。并不是所有的黄嘴鹮鹳都有迁徙的习性，一些种群会长期待在同一片栖息地，有些则会去寻找降雨量和水生环境适宜的地带，还有一些则会长途跋涉进行迁徙，总之它们并不是真正的“游牧”鸟类。

这种鸟没有特定的叫声，但会发出许多种声音，尤其是在交配期，它们会发出类似尖叫声、撞击喙的声音，或者一边扇动翅膀一边喘气的声音。外出觅食时，它们会用长长的腿在浅水区移动，半张着嘴在水中翻找，或两只脚交替站立，用一只脚脚趾在水中试探。如果喙碰上了什么东西，它们就会立刻本能地合上嘴，把猎物紧紧锁在嘴里，然后头向上仰，直接将猎物吞进肚子。

黄嘴鹮鹳的交配通常发生在雨水充沛的时节，特别是在维多利亚湖附近栖居的种群，因为充足的雨水能形成鱼虾丰富的沼泽地，这样每对黄嘴鹮鹳都能为自己和雏鸟找到足够的食物。到了交配的季节，雄鸟会移动到树上等适合筑巢的地方，等待雌鸟向它们靠近。之后雄鸟会进行特定的交配流程：比如，多次用喙在翅膀上的皮肤之间划动，就像要把羽毛都拔光；或者反反复复地收集树枝然后再扔掉，期间还不断摇晃脖子，好像在跳舞。雌鸟也是一样，会做出一些特殊的举动：接近雄鸟时，它们会张开翅膀飞翔，保持身体与地面平行，然后轻轻张开喙，倾斜颈部。如果雄鸟接受雌鸟的靠近的话，雌鸟就会继续靠近，然后合上翅膀停止飞行。交配之后，雌鸟和雄鸟会把大大小小的树枝缠绕在一起筑成大大的巢，大到足以支撑它们和雏鸟的重量。通常筑巢的地点选在高高的树上或者平地上，选的地点一定是离捕食者远远的或者有掩护的地方。

雌鸟通常每次产下3枚卵，且并不是一次完成，通常会间隔一两天。雌鸟和雄鸟会轮流孵卵，雏鸟也并不会在同一天孵化。所以孵化出的雏鸟大小不一，有时较大的雏鸟会获得比较小的雏鸟更多的食物。破壳后至少三周内，父母会继续离开巢穴外出捕鱼，再把食物喂给嗷嗷待哺的雏鸟。

黄嘴鹮鹳潜在的天敌有猎豹、花豹和狮子，一些猛禽也会吃它们的鸟蛋。黄嘴鹮鹳分布广泛，种群众多，因此暂时没有灭绝的危险，世界自然保护联盟把它们列为无危物种。

羽毛的变化

年轻的黄嘴鹮鹳和成年黄嘴鹮鹳的羽毛颜色并不一样。年轻的黄嘴鹮鹳并不显眼，它们的羽毛为灰褐色，面部呈浅橙色，喙呈淡黄色，腿部则为棕色。

雏鸟在出生后50天左右会第一次出巢活动，这个环节叫作“出飞”。出飞时，雏鸟翅膀下的皮肤变为橙粉色，随着渐渐长大，它们全身的羽毛颜色都会发生变化，长出成鸟典型的羽毛颜色。而到了交配的季节，它们的羽毛颜色会更加鲜艳，渐渐变成较深的粉红色，腿部颜色会从普通的棕色变成鲜亮的粉色，喙也同样变得更黄，面部的红色则变得更深。

第92~93页图：一只黄嘴鹮鹳（*Mycteria ibis*）将一条腿在长长的脖子上摩擦，用另一条腿保持平衡。摄于南非辛安佳私人动物保护区。

左图：一只黄嘴鹮鹳嘴里衔着一根用来筑巢的树枝。摄于博茨瓦纳乔贝国家公园。

上图：一只年轻的黄嘴鹮鹳正在寻找食物。摄于乌干达。

聚焦 栖息

“栖息”指一群动物在同一地点聚集停留数小时的行为。最典型的就是鸟类的栖息，比如左边这张图中成群结队聚在树上的非洲黄嘴鹮鹳。栖息地不仅是鸟的“宿舍”，还有许多其他重要意义。群体活动的一大好处就是休息时会更加安全。每一只鸟都会十分警觉，一旦发现捕食者靠近就会立即发出警报，如果鸟的数量庞大，单独某一只鸟成为猎物的可能性就会降低。

栖息地的社会性功能也很重要：成群结队活动时，每一只鸟都可以从其他同伴那里学习到新的捕食技巧，而且也让它们有机会认识更多同类中的新朋友。此外，在天气状况不好的时候，它们也会选择结伴活动，因为相互靠得紧密一点儿可以保持体温。

鸟在各种环境中都能找到栖息地，可以是一棵树、一片沙滩，甚至是一块悬崖。有时候，一片栖息地中会栖息多种不同种类的鸟，这时候栖息地里的物种就会有等级之分，优势物种可以占据最好、最安全、最具隐蔽性和最高的地盘。

左图：黄嘴鹮鹳成群结队地栖于树枝上躲避洪水。摄于赞比亚南卢安瓜国家公园。

巨鹭

巨鹭（*Ardea goliath*）是一种巨大的鹭科鸟类，体长可达150厘米，重达4千克，翼展约230厘米。

巨鹭并没有明显的性别二态性，雄性和雌性的羽毛都是肉桂红和灰色，冠和头部的羽毛都是深栗色，喉部和胸部的羽毛呈白色，有黑色斑纹。和其他鹭科鸟类一样，巨鹭的眼睛是黄色的，腿为黑色，长长的喙两边极其锋利，上嘴比下嘴颜色更深。

巨鹭非常依赖有水的环境，除了鱼几乎什么都不吃，它们喜欢湖区、河流三角洲和红树林，几乎很难看到它们拖着缓慢而沉重的翅膀飞到缺水的地区去。此外，由于它们身高比其他鹭科鸟类更高，所以能在较深的水域中行走。

巨鹭俯身贴近水面探出喙，有时候也会张开嘴一动不动，作用就像鱼钩一样：当猎物上钩的时候，它的脖子就会像弹簧一样猛地弹起来，头向前一探，紧紧锁住喙，牢牢咬住到嘴的鱼。巨鹭通常不会立刻吞下猎物，而是会在嘴里衔着，有时还会衔着鱼在水草上休息一会儿。每当这时，衔着猎物的巨鹭很可能成为其他猛禽的目标，嘴里的战利品随时面临被抢走的危险。巨鹭从来不吃两栖动物、爬行动物、水鸟、昆虫、软体动物或小型哺乳动物，几乎只吃鱼。巨鹭通常独自行动，领地意识很强，对贸然进入自己地盘的其他同类会表现出很强的攻击性。

巨鹭的交配期一般在雨水充沛的季节。水边或小岛上高高的植被是它们的最佳筑巢地点。不过它们也并不是只在这些地方筑巢，有些巨鹭会把巢建在荒芜的地方，还有一些则更喜欢在自己觅食的领地内筑巢。它们的巢很大，不过由于通常是用许多种不同的植物叶片筑成的，所以很脆弱。

雌巨鹭每次会产下2~5枚浅蓝色的卵，由于天敌的捕食和环境的不稳定，雏鸟的成活率很低。破壳后至少5周内，父母会通过反刍来喂养雏鸟，之后雏鸟就会离开巢穴活动。在离开父母之前，雏鸟们已经学会了防御和攻击的本领，兄弟姐妹之间也会模仿战斗：从小就适应竞争对它们来说是一件好事，因为有力的喙和健壮的体型会成为它们参与战斗、击退天敌的有力武器。世界自然保护联盟目前认为巨鹭没有灭绝的危险，所以把它们的保护等级定为无危。

右图：一只巨鹭（*Ardea goliath*）正在用长长的喙觅食。

2
欧洲
的淡水

欧洲内陆
淡水的魔力

每年约有40万立方千米的水从地球表面蒸发，其中，约四分之一的蒸发量会以降水的形式来到陆地，仅10%的蒸发量会通过水循环重返海洋。

淡水资源源于庞大的海洋水储量，经过水文循环，或者更专业的说法——水生生态系统循环，它们以蒸发和降水的形式抵达地表。水循环过程中，高含水量生物体发挥的作用不可小觑，植物的根部从土壤吸收水分，为动物提供含液体的食物，并通过蒸腾释放水汽。

淡水，亦被称为“内水”或“内陆水”，它包含以下水体：由泉水、雨水、融雪和冰川滋养且全年流动的河流；由地球表面自然洼地处的水汇集而成且不与海水相汇的湖泊；运河、人工湖、水坝、喷泉、草甸、稻田等人工水体；河口、潟湖、沿海湖泊（咸水）等过渡性水域；地下水。

河流

波河是意大利境内最长的河流，长达652千米，蜿蜒曲折流经波河平原。但是，在人们眼里的滔滔长河，其长度在欧洲也仅屈居第五十名。

雄踞欧洲的伏尔加河，长达3531千米。放眼全球，至少有7条长度超过5000千米的河流，论长度，伏尔加河在世界范围内位列第十五名。毕竟，欧洲大陆不像亚洲、非洲和美洲那样幅员辽阔，其河流通常发源于海岸附近的凸地。在世界范围内长度居前列的河流大都奔腾于地球的东部及北部地区，这些河流全年都保持着充沛的流量（在单位时间内通过河流某一截面的水量），是上佳的交通路线。其中，伏尔加河源于瓦尔代高地，注入里海。

汇入大西洋的河流长度居中。由于降水量稳定，河流的变化状态（即河流整体流量变化）有规律可循，且该流域内坡度极其平缓，河流流经古老地域，携带的碎石少，所以具备通航的条件。就这样，在庞大的河口湾便诞生了欧洲最主要的港口——塔古斯河上的里斯本港口、莱茵河上的鹿特丹港口和塞纳河上的勒阿弗尔港口。然而，像维斯瓦河这种汇入北冰洋的河流则没那么容易实现通航，因为在全年内的绝大部分时间，北冰洋都被冰雪所覆盖。

汇入地中海的河流发源于距大海不远的山脉。正因如此，除了罗

第100~101页图：雨中，一只雄性带状豆娘（*Calopteryx splendens*）驻足于野草叶片上。摄于英国康沃尔郡添马舰下湖。

第102页图：在波河三角洲的潟湖中生长着“红色的草丛”红叶白穗茅（*Chionochloa rubra*）。

纳河和波河，地中海流域内的河流坡度大，河道短，流量变化显著。除了开发航道，大部分地中海流域的河流还适用于灌溉与发电。

多瑙河并不具备以上特征，其长度“仅”有2860千米，稍逊于伏尔加河，但它却拥有一个独一无二的纪录——它流经10个国家。多瑙河发源于德国的黑森林，经罗马尼亚、摩尔达维亚和乌克兰的边界，注入黑海。多瑙河是欧盟境内最长的河流，比起伏尔加河，其地理位置更居核心，而且它还流经维也纳和布达佩斯等大城市，是一条至关重要的国际交通航线。从自然的角度来看，多瑙河三角洲是欧洲最大

的湿地。

尽管欧洲的可用水量（每个居民的年均可用水立方量）无法与北美和南美的可用水量相提并论，但欧洲的优势在于拥有庞大的河流分支体系，有其他支流汇入。受地形、纬度和整体地理构造的制约，欧洲境内并没有广袤的湿地，也未

记事本

多瑙河三角洲的马匹和水牛

除了数不胜数的水生植物、约300种鸟类和45种淡水鱼类，这里还生长着1200余种典型的欧洲湿地植物，譬如柳树、杨树、桤木、莎草，它们都彰显了这片土地的生物多样性。多瑙河三角洲，这片超5000平方千米的沃土流转变换，不断更迭。它是由湖泊、芦苇荡、沼泽、大草原、森林、潟湖、岛屿和河流支流共同形成的集合体。这里栖息着数百万计的鸟类，其中包括白尾海雕（*Haliaeetus albicilla*）和卷羽鹈鹕（*Pelecanus crispus*），它们每年都会飞来此地繁衍后代，欧洲河狸也会在这里筑造堤坝。

随着强有力的保护措施的落实，多瑙河三角洲蔚为壮观的野生景致得以恢复，联合国教科文组织将此地列入了世界文化遗产名录。生态复苏的过程中，人们通过开展观察、保护野生动物的活动，在三角洲的缓冲地带进行捕鱼和狩猎等可持续性商业活动，促进了以自然为依托的经济发展。

柯尼克马，矫健有力且适应性极强，正如它们的祖先欧洲野马（*Equus ferus ferus*）（已灭绝）。引进柯尼克马和埃尔马科夫岛上的水牛（*Bubalus bubalis*），它们在这里戏水、食草、排便施肥，让这片土地绽放活力，使得诸多动植物从中受益。大型草食动物柯尼克马和水牛闯入灌木丛和芦苇地，打造出临时水塘，使其成为大量昆虫、鱼类和红腹蟾蜍、欧洲树蛙这些两栖动物的家园。除了能够调节植被，柯尼克马和水牛还吸引了越来越多的游客，推动了可持续性的旅游经济发展。

左图：在罗马尼亚和塞尔维亚的边界，多瑙河流经铁门峡谷，营造出一幅美轮美奂的画面。摄于塞尔维亚铁门国家公园。

上图：一群柯尼克马穿过沼泽地。摄于罗马尼亚，多瑙河三角洲生物圈的莱蒂亚森林。

形成辽阔的沙漠，所以整体而言是宜居的（并不包括毗邻北极圈的地带）。水路网是人类开疆辟土和促使动植物基因交换的关键一环，颇具历史意义：想想看，在河流泛滥期，滔滔流水会携带数不胜数的植物种子驶向远方，而动物或许会抓紧树枝或借助其他工具，漂流他乡。

池塘和湖泊

当雨水、雪水或泉水在地面的低凹处汇集，便会形成一个个湖泊。依据洼地的形成原因，可将湖泊分为诸多类型，比如构造湖（由地壳运动形成）、喀斯特湖、火山口湖、冰川湖和海成湖。

俄罗斯的拉多加湖的面积达17700平方千米，堪称欧洲最大的湖泊。当然，位于欧洲和亚洲边界的里海并不在此次的讨论范围内。里海是地球上面积最广阔的封闭水体，略带咸味。欧洲大陆内面积最为广阔的湖泊大多坐落于俄罗斯和北欧。意大利拥有69个天然湖泊，加尔达湖 （370平方千米）的面积在欧洲仅排第五十名。

所有湖泊，尤其是浅水湖，无论面积大小，都是其所在地区的生物多样性宝库。从自然的角度来看，斯库台湖是欧洲境内最具代表性的浅水湖之一，它坐落在黑山国家公园，还有部分水域在阿尔巴尼亚境内。作为巴尔干半岛上最大的湖泊，斯库台湖里面生长着数百种不同的藻类，拥有约50种具备特有性（即仅分布于某一特定地理区域）的软体动物、约50种鱼类、270种鸟类以及哺乳动物——水獭。

金属色的蜻蜓群飞过黄粉色睡莲组成的花毯，欧洲白鹳（*Cicinia ciconia*）、卷羽鹈鹕（*Pelecanus crispus*）、苍鹭（*Ardea cinerea*）、白鹭（*Egretta garzetta*）、琵鹭（*Platalea leucorodia*）、扇尾沙锥（*Gallinago gallinago*）、须浮鸥（*Chlidonias hybrida*）、侏鸬鹚（*Phalacrocorax pygmaeus*）一展风采后又隐匿于植物丛中，呈现出一幕美轮美奂的景象。

卷羽鹈鹕属于《非洲—欧亚大陆迁徙水鸟保护协定》的保护动物范畴，被列为易危物种。卷羽鹈鹕是最大、最重的飞禽之一，其翼展可达3米，体重可达15千克。正如其名，侏鸬鹚（或者侏儒鸬鹚）是所有鸬鹚中体型最小的一类，其翼展不足90厘米。作为濒危物种，侏鸬鹚受到保护，它在1981年才成为意大利境内鸟类的一份子。如今，还有几对侏鸬鹚的后代栖息在波河三角洲。

地下水

埋藏在地表以下的水被称为“地下水”或“渗透水”。地下水流淌过岩石的间隙，聚集在隔水层的凹陷处。在北极地带，冻结的地下水会形成“永久冻土”，冰冻的

上图：须浮鸥（*Chlidonias hybrida*）是栖息在黑山斯库台湖的270种鸟类之一。图中的一对须浮鸥，正在轮班照看草丛中的巢。

土壤会在夏季融化，流至地表，衍生出一个富含苔藓、真菌和地衣的典型环境。如今，全球变暖导致永久冻土解冻，再加上温室气体——二氧化碳和甲烷的排放，气象学家们倍感忧虑。温室气体保留了地球表面和大气层散发出来的热量（红外辐射），导致全球温度进一步升高。

发生钙化的土壤含有高比例的碳酸钙，往往会形成无法渗透的钙积层，地下水则在表层流动。随着表层遭到腐蚀，渗入物将岩石中的碳酸化合物溶解，将引起岩溶塌陷，从而形成洞穴和地下河。

陷入危机的欧洲淡水

根据欧洲环境署的数据，自1980年以来，得益于新兴工业技术的运用，欧洲的取水量普遍下降。但是在某些城市地区，水量平衡依然保持着负数。此外，受气候变化和气温上升影响，南欧的灌溉需水量增大。在南欧，60%的总用水量被用于农业灌溉，但水资源的再生能力却无法满足庞大的取水需求，这导致地下水位下降，引发严重的环境破坏。在某些时节，大众旅游扎堆热门景点，使得水资源本就匮乏的旅游地用水压力倍增。此外，全球食品贸易，尤其是农产品贸易对水资源造成的影响也不容小觑。比如，一个国家也能以水果为载体，向其他区域转移水资源。意法两国在世界范围内进行交易的所有葡萄酒，实质上都是对一升升的“虚拟水”的转移。“虚拟水”不仅包括生产葡萄的农业用水，还包括葡萄本身含有的水分，经过加工，“虚拟水”摇身一变，成为葡萄酒，再从欧洲出口到世界各地。

虽然提出了水质目标，但污染问题依旧存在。恢复河流湖泊的生态是场持久战，目前已采取了相应措施加以整改。比如，通过处理废水和减少工业排放，水质富营养化（即磷和氮引发的水质污染现象）已经得到了缓解。此外，1985年至1995年这十年间，欧洲境内减少了杀虫剂的使用，还降低了杀虫剂的浓度。尽管如此，在许多国家，硝酸盐、重金属和碳氢化合物等污染物依然超标，地下水也遭到了污染。

前景并不乐观，气候变化对淡水资源可用量的影响愈加明显，那些本就面临水资源短缺问题的地区将承受更大的压力。与此同时，其他沿海地区也将迎来更为频繁的洪水泛滥或风暴潮。因此，人们正减少对水资源的耗费，推动水资源再利用，降低洪水的威胁，积极采取各项措施来应对淡水危机。

左图：卢瓦尔河中的一条欧鲇（*Silurus glanis*）。摄于法国。欧鲇原产自东欧，如今已遍布欧洲。

河流之旅

河流汇聚未渗进土壤的大气水和春季时分雪地、冰川融化的雪水奔腾而过。伴随着支流的汇入，河流肩负着汇集水流驶向大海的使命。旅途中的每条河流都扮演着“土地设计师”的角色，影响着周围的小气候。千百年来，它雕刻了山谷，也塑造着平原。根据坡度，可以判断河流有三种作用，它们各不相同，却又彼此互补。其一是侵蚀作用：通常发生在上游（或山区），此河段坡度陡峭，水流湍急，水流裹挟着卵砾和巨石，奔腾至河谷，使河床逐渐变深；其二是搬运作用：发生在中游，这里坡度逐渐平缓，水流略微缓慢，大型碎片沉积，且中游的侵蚀作用并不明显，河道变得更加宽广；其三是沉积作用：发生在下游，直至河口，河段下游坡度最为平缓，泥沙、黏土等碎屑物会沉积于此。如果在河流上游发生了剧烈的侵蚀活动，那么沉积物便会在此形成辽阔的三角洲或洪泛平原。

左图：湍流奔腾着驶过森林，树枝落入水流，河鳟（*Salmo trutta fario*）在树枝间灵活地穿梭着。摄于瑞典西约塔兰省达尔河。

沿着河流

纬度、气候与河床的坡度共同造就了河滨与水下生物群落的多样性，有些鱼类甚至可视为判断不同河段的参照物。

鳟鱼

山间的湍流凉爽清澈、含氧量高，奔腾在岩石之间，打造出一个属于鳟鱼和鲑鱼的王国，所以这里也被称为“鲑鱼区”。河鳟（*Salmo trutta fario*）品种丰富且颜色迥异，广泛分布于欧洲，在山间的湖泊中也能窥见其身影。河鳟大小不一，其体型取决于栖息地的空间大小，这种现象在鱼类中很常见。当它们栖息于高山溪流中，其体长不超30厘米，体重不超300

第112~113页图：一条河鳟在浅水区逆流而上，寻觅产卵地。摄于丹麦博恩霍尔姆岛。

上图：如图所示，河鳟偶尔会游入废弃的采石场。摄于英国兰开夏郡康福斯，凯普尔恩乌雷，杰克道采石场。

克；而当它们栖息在山谷谷底，其体长可接近1米，体重可达7千克。河鳟体型细长且健硕敏锐，能够逆流而上，鳞片上厚厚的黏液层可保护其免遭岩石划伤，同时有利于适应寒冷的水域。河鳟生活的水域不能超过18~20℃，且须富含氧气，因为河鳟不会借助鱼鳔呼吸，仅用鳃呼吸。

河鳟是典型的肉食动物，其舌部和腭部均长有牙齿。白天，河鳟通常潜伏在水底岩石和树干后方，或者埋伏在瀑布下游，等候猎物伺机而动，但它们更喜欢在夜晚活动。河鳟的产卵期与迁徙季在同一时期，它们会逆流而上寻找温度

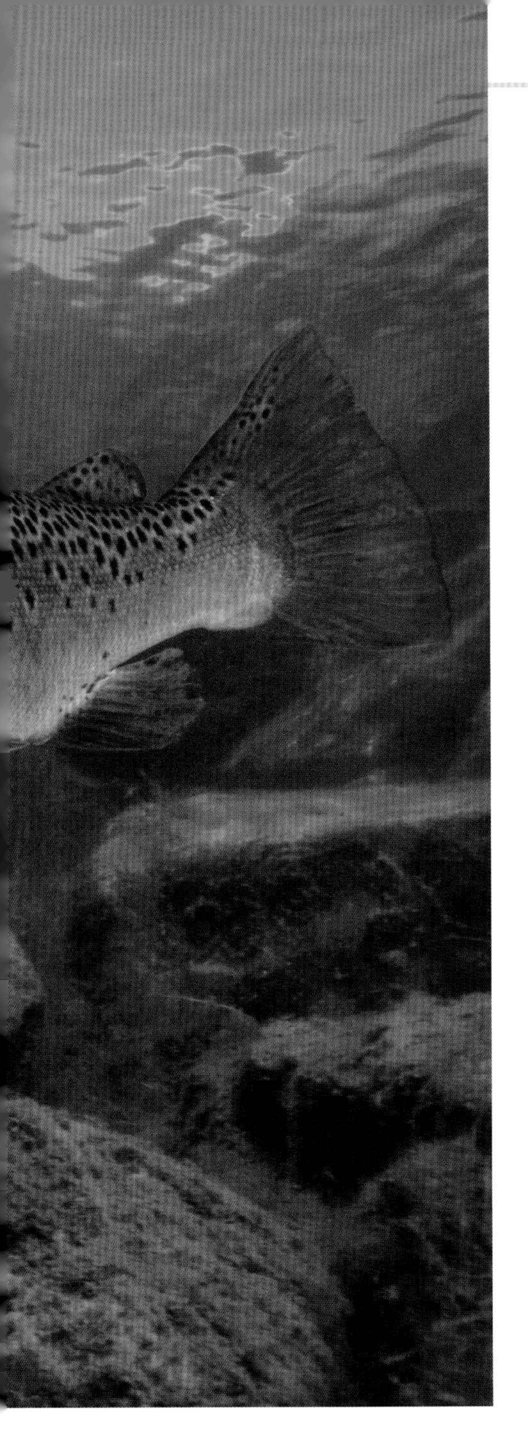

上图：这些河鳟鱼苗刚刚出生一周左右，它们试图伪装藏匿在河底的卵石之间。

在5～10℃之间的浅水沙地或砾石区域。一条雌河鳟每次可产下多达2000枚卵，重达1千克，每枚鱼卵的直径为5毫米。 雄河鳟授精后，雌河鳟会用沙子和砾石盖住鱼卵，因为在孵化期还将面临诸多变数。

在完全吸收卵黄囊之前，河鳟鱼苗便会开始捕食幼虫。鱼苗一长大，就会在水面展开捕猎，它们以成年昆虫及水生幼虫为主食，软体动物和环节动物也是上佳的猎物，而鱵鱼、鲤鱼、杜父鱼之类的小型鱼类也会沦为大型河鳟的盘中餐。此外，河鳟还会食用两栖动物，尤其是幼年时期的两栖动物更是美味佳肴（成年蝾螈也深受河鳟青睐）。

在三岁左右，河鳟便成年了，其寿命可达二十岁。通常情况下，一定比例的雄河鳟在授精后便会死亡，部分雌河鳟在完成产卵后也会死亡。

虹鳟

虹鳟以甲壳类动物为食，河流中的甲壳类动物天然含有“角黄素”。角黄素在虹鳟体内累积，导致虹鳟通体呈粉红色，受到食客的热烈追捧。

上图：雄性北极红点鲑（*Salvelinus alpinus*）在繁衍期尽情展示其绚丽色彩。

右图：一条大西洋鲑（*Salmo salar*）跃过瀑布，抵达产卵地。大西洋鲑的跳跃高度大约为四五米。摄于英国苏格兰。

北极红点鲑和大西洋鲑

北极红点鲑（*Salvelinus alpinus*）分布在阿尔卑斯山、苏格兰、爱尔兰及斯堪的纳维亚半岛的淡水区。北极红点鲑主要以鱼类为食，许多北极红点鲑种群的生活习性都和河鳟相似。一些北极红点鲑会从大西洋出发，迁徙至产卵地，产卵后便死亡，大西洋鲑（*Salmo salar*）也是如此。欧洲境内的大西洋鲑栖息在北极圈以南至比斯开湾一带，幼小的鱼苗诞生在湍流中，两三年后，它们便开始迁徙之旅。关于它们的目的地，学者仍在研究之中。一些大西洋鲑格外青睐格陵兰岛西部的大陆架，成熟后，它们凭借自身的嗅觉以及记忆回到生命的起点，并在那里产卵。虽然欧洲地区的生存威胁小于美洲地区，但欧洲的大西洋鲑数量仍在不断减少，过度捕捞、筑堤造坝（阻碍大西洋鲑跃入河流）、城市污染、农业污染和酸雨现象都是导致它们减少的主要因素。

受多方因素影响，外来物种入侵是造成意大利大西洋鲑数量下降的其中一个因素。人们为了丰富捕鱼活动，引进了外来物种，河鳟便这样来到亚洲和北美洲。如今，来自北美洲的虹鳟（*Salmo gairdneri*）也侵占了欧洲部分水域。一如往昔，外来物种迅速适应环境，还能免遭寄生虫的侵扰。它们不仅缩减了本土物种的活动范围，甚至还与本土物种杂交。

气候变化是另一个因素。气候变化导致水温上升，生活在水族馆或平原养殖区的鱼类更易受到真菌寄生虫的侵扰，致使生态系统遭到破坏。

多瑙哲罗鱼

如题，多瑙哲罗鱼（*Hucho hucho*）仅栖息在多瑙河流域的山区和山麓地带。它们青睐寒冷的水域，那里的水温鲜少超过15℃，且水流湍急，富含氧气。多瑙哲罗鱼徘徊在深水区的砾石间，隐身于茂密的水滨植被间，藏匿在桥下或其他建筑设施中，过着隐士般的生活，是极为罕见的物种。成年多瑙哲罗鱼会宣示主权，它们占据一些河段，潜藏在河道一侧的洞穴里或者河底的岩石与水草间。体型最大的多瑙哲罗鱼长达150厘米，重达52千克，它们以小型脊椎动物为食，其寿命最长可达15岁。如今，由于建设水电站，多瑙哲罗鱼的分布区域碎片化，通过水产养殖的方式来繁殖多瑙哲罗鱼的可能性降低。为拯救多瑙哲罗鱼，人们曾将它们引入西班牙的两条河流，现在看来，它们似乎已适应当地环境。

从河流到海洋

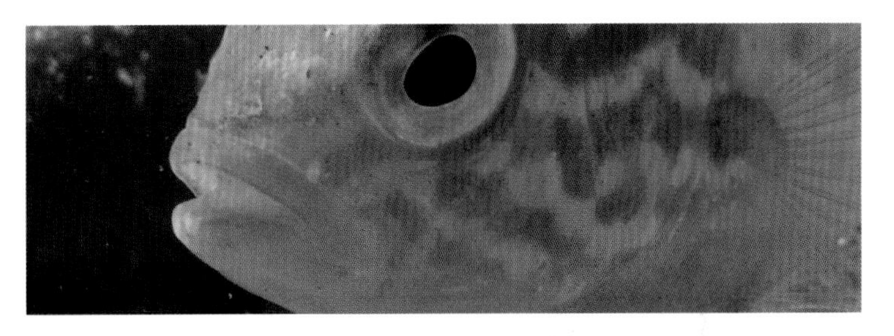

在坡度最平缓的地方，河流底部碎石堆积，与海洋的交流相对较少，那里栖息着一群较为特殊的鱼类。该河段被叫作“鲤鱼区”，人们在那里发现了鲤鱼、丁鱥还有一些大型鱼类的踪迹，比如鲟鱼和鳗鱼。

欧洲鲟

如今，仅存的野生欧洲鲟（*Acipenser sturio*）栖息在法国的加龙河。欧洲鲟曾广泛分布于欧洲流域，包括波河和台伯河。和其他鲟鱼一样，欧洲鲟外表奇特，腹部扁平。欧洲鲟以无脊椎动物或小鱼为食，它会利用口部前的四根触须，搅动水底的碎石，以此来觅食。欧洲鲟的尾鳍呈异态，与角鲨目相似，其上叶明显大于下叶。这种尾鳍具备功能性，在没有鱼鳔的

第118~119页图：这只人工饲养的欧洲鲟（*Acipenser*）被放生到淹没的洞穴。它不费吹灰之力便能在水底的岩石间找到食物。摄于英国兰夏郡。

上图：这只欧洲鲟来自德国柏林的一项人工养殖计划。

右图：多瑙河三角洲博物馆和生态旅游中心坐落在罗马尼亚的图尔恰。在这里，人们还能一睹自然界中几近灭绝的欧洲鳇（*Huso huso*）。

情况下，硬骨鱼类可以依靠尾鳍漂浮起来。欧洲鲟体长达600厘米，体重可达400千克，寿命长达100年！

雄性欧洲鲟率先溯河洄游，去寻觅一处有流水但温度不至于过低的僻静之所，雌性欧洲鲟将在此处产卵，每千克雌鱼大约会产下20000颗卵。在溯河洄游前，幼年欧洲鲟将在海里生活10年左右。

欧洲鳇

在这片栖息地，欧洲鳇（*Huso huso*）是真正意义上的庞然大物，它体长近900厘米，重达1500千克。每千克雌鱼可产30000至35000颗卵，其鱼卵重量约占自身体重的10%。欧洲鳇能产出品质绝佳的鱼子酱，其商业价值不言而喻。欧洲鳇的鱼卵和鱼肉价值珍贵，但欧洲境内的野生欧洲鳇几近灭绝。如今，人们已经重新引进欧洲鳇，还修建了数座人工养殖场。

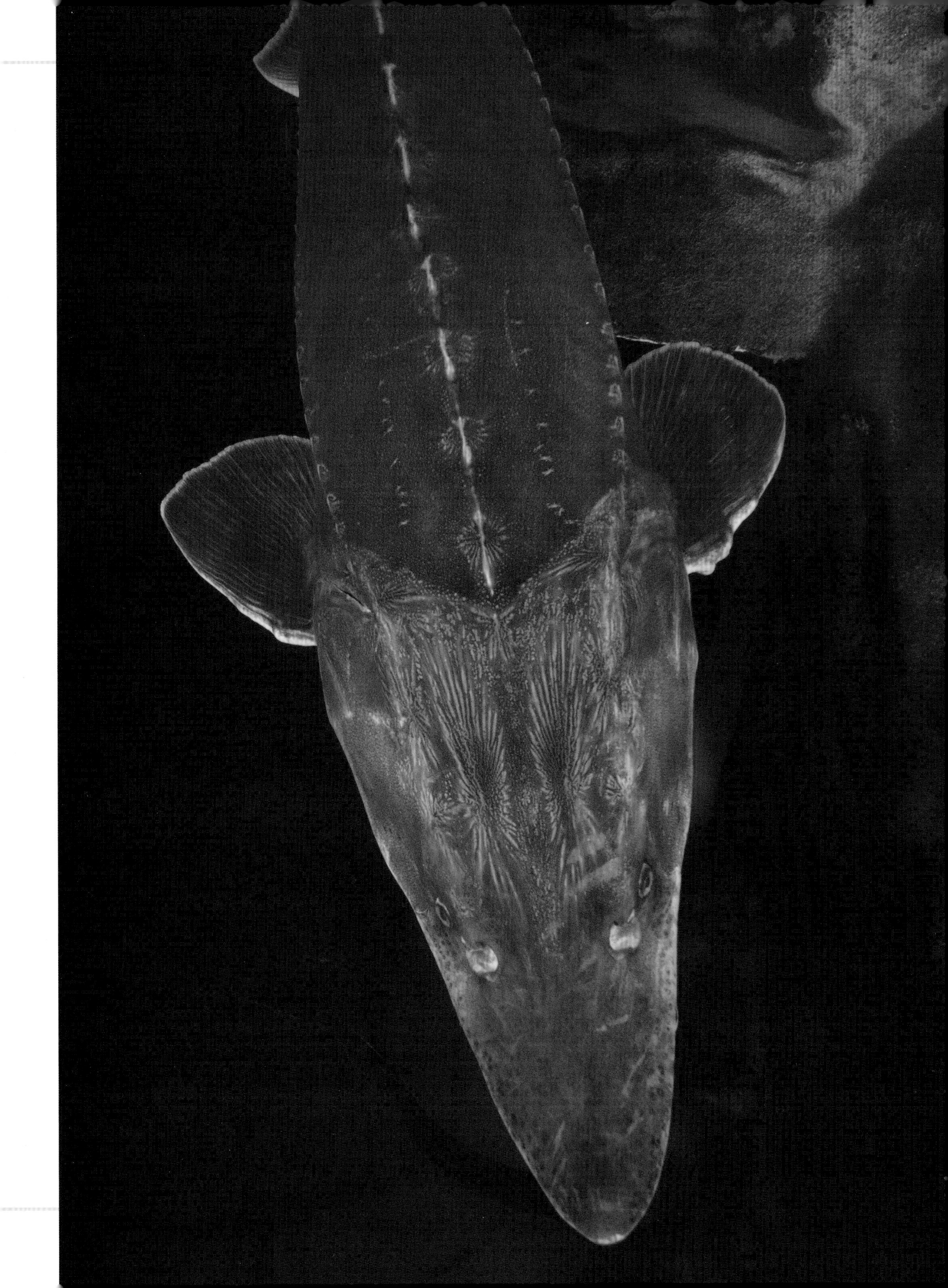

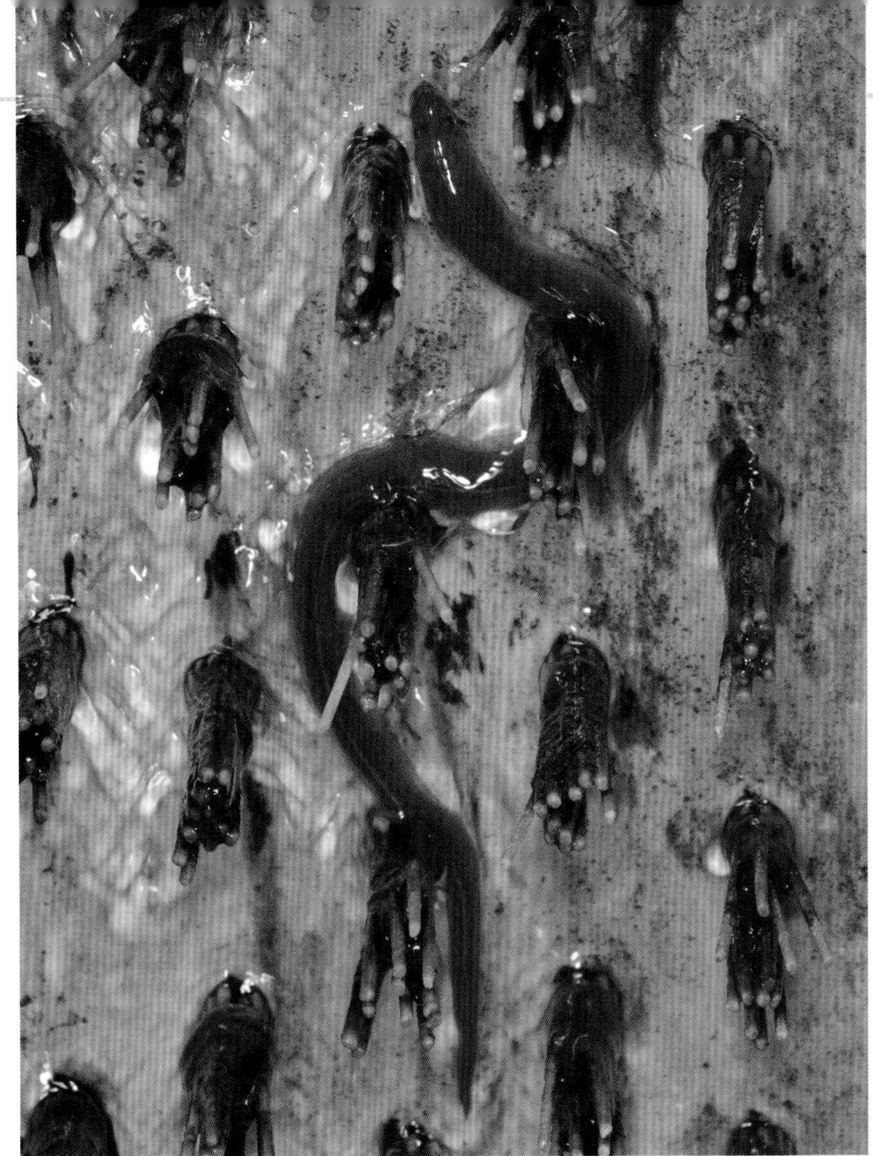

左图：在阿尔卑斯山水域拍摄鳗鱼（*Anguilla anguilla*）并非易事，因为鳗鱼几乎不会沿河上岸。摄于法国阿尔卑斯山罗讷河。

上图：这是一幅不同寻常的画面。一条在夜间迁徙的鳗鱼正蜿蜒穿过排水渠围堰的尼龙网障碍物。摄于英国萨默塞特。

欧洲鳗鲡

欧洲鳗鲡的外形不同寻常，虽然它与爬行动物毫无关系，但它有时也会被误认为蛇。雌性欧洲鳗鲡体长达150厘米，体重达3千克，在意大利被称为“大鳗鲡”。雄性欧洲鳗鲡体长达60厘米，被称为“木偶”，或被简单地叫作“鳗鲡”。欧洲鳗鲡诞生于大西洋的马尾藻海，向欧洲迁徙。在近三年的旅程中，它们逆流而上，与其祖先的路线并不一定重合。欧洲鳗鲡与鲑鱼的溯河洄游性相反，成年欧洲鳗鲡洄游到大海产卵，产卵后即死亡。为了重返给幼崽提供充足食物资源的海域，即使在雨夜，它们也仍会在水草间赶路！

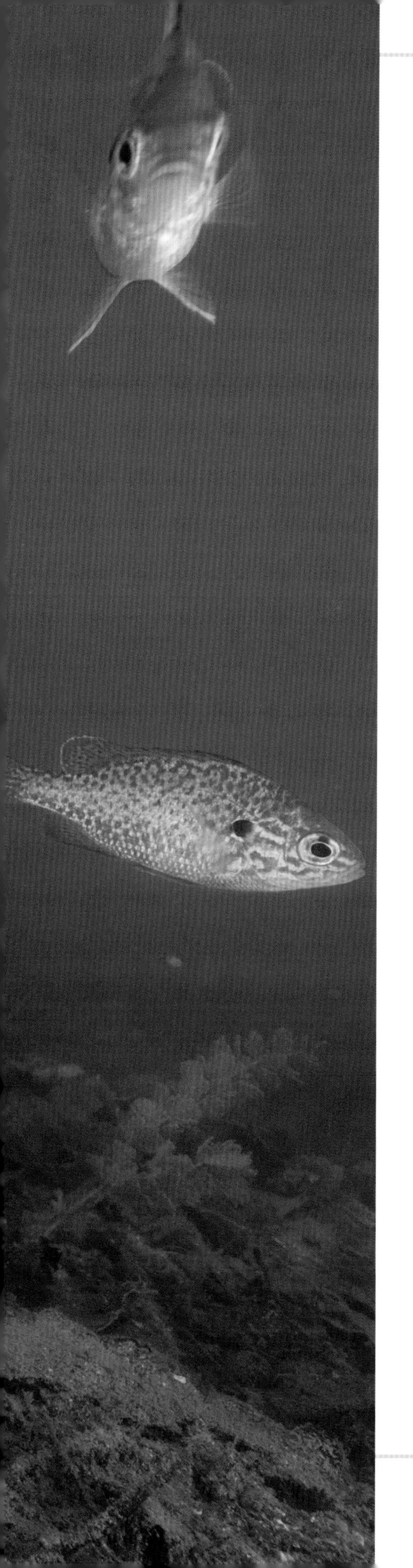

开拓者还是入侵者？

一个是开疆辟土的开拓者，一个是后来居上的“入侵者”或“异乡人”。二者之间，有何区别？前者是一种大自然的选择，后者则是因为人工干预，通过运输或贸易途径引进的外来物种。

欧白鱼

在河流中段会形成不同的微生境，这里的河床更宽阔且水流速度更缓慢，外来物种也能够适应环境，但它们的到来往往会给生态系统带来不可逆的损害，致使本土物种灭绝。欧白鱼便是一个例子。

在河流中段的缓水区，生活着数不胜数的欧白鱼（*Alburnus arborella*）。欧白鱼的体长最长达12厘米，它们以随水流漂浮的浮游生物为食。作为河流食物链的一环，欧白鱼具备关键的生态功能，从鲈鱼到水蛇，从翠鸟到鸊鷉、再

第124~125页图：19世纪末，人们从北美洲引进太阳鱼（*Lepomis gibbosus*）。如今，它已彻底实现本土化。摄于法国奥布。

上图：一只在水中遨游的太阳鱼。摄于法国萨瓦省阿尔卑斯山脉。

右图：聚集在罗讷河河底的欧鲇（*Silurus glanis*）鱼群。摄于法国。

太阳鱼

太阳鱼喜群居。在繁衍期，领域性极强的雄鱼会搭建巢穴。巢穴完工后，雌鱼便会游来，并在产卵后立即离开，雄鱼则会留下来保护鱼卵，至少看护10～11天。雌鱼会在多个巢穴中产卵，同一巢穴也可容纳多条雌鱼产卵。和某些鱼类一样，太阳鱼中也有卫星雄性，它们同雌性太阳鱼一样，周身颜色黯淡，能躲避过领域性极强的雄鱼，闯入巢穴，让一些鱼卵授精。

到鸬鹚或苍鹭，欧白鱼在浮游生物与猎手之间发挥着过渡作用。近些年来，跟麦穗鱼的竞争导致欧白鱼数量减少。

麦穗鱼和欧白鱼极为相似，不过前者的鱼鳍呈微红色。麦穗鱼来自远东，在20世纪60年代首次被引入东欧。后来，它从垂钓区或养殖场出逃，入侵不少欧洲国家，其中便包括意大利。

同样体型娇小的入侵者还有太阳鱼（*Lepomis gibbosus*），但太阳鱼的色彩鲜艳，呈金属色。当太阳的光线照射水生植物时，它们就会伪装起来。驼背太阳鱼吞食大量的水生昆虫幼虫，还会捕食鱼苗和年幼的两栖动物。在水族区内，太阳鱼也因其强大的繁殖能力而声名大噪。

即便是小型的外来物种也会造成生态问题。而欧鲇、海狸鼠、彩龟和克氏原螯虾这类体型更大的外来物种，将会招致更大的祸患。

欧鲇

欧鲇（*Silurur glanis*）原产于欧洲中北部和小亚细亚地区，但它在原产地以外的地方似乎也适应得不错。出于垂钓目的，欧鲇曾被引入欧洲西南部。早在1957年，有报道便称首次在意大利的波河流域发现欧鲇。20世纪70年代以来，人们发现欧鲇已经适应非原产地的环境。而在一些原产地，由于人们的过度捕捞和猎食，欧鲇正在走向衰亡。

欧鲇是欧洲最大的淡水硬骨鱼，栖息地的地理形态与生态环境决定着其体型大小。生存空间越广阔，食物补给越丰富，它的体型就越大。其实，欧鲇的体长极易达到3米，体重超过300千克（比如生活在多瑙河的欧鲇）。在较窄的河道，也就是在大多数河道中，欧鲇的体长很难达到两米，但它的体型仍不容小觑。欧鲇偏好在日暮时分及夜间活动，喜水流缓慢或水流停滞的深水区，如湖泊、河流或者运河的中下游。

欧鲇的外形前后并不匀称。它的头部宽而扁平，身体细长，侧部呈扁平状。其宽阔的嘴唇上方有两根较长的触须，嘴唇下方有四根稍短的触须。

欧鲇迅速扩张的原因很简单，毕竟每千克雌鱼能够产20000~30000枚卵！如果还不明白，那么再想想看，只要水温保持在20℃以上，欧鲇的繁殖期便可持续6个月。不难预想，在未来，气候变暖将进一步让欧鲇受益。

直至孵化，雄鱼都会时刻保护着受精卵，以确保其成功繁育。欧鲇鱼苗主要以水生无脊椎动物为食，它们体长达30厘米后，便开始捕食鱼类。这对当地的濒危鱼类造成了不可逆的伤害，同时也摧毁了食物金字塔和生物多样性。

欧鲇的繁殖速度之快不足为奇。毕竟，与原产地相比，意大利的水温更高，再加上它们本身具备超强的捕食能力，甚至能够捕食小型哺乳动物和鸟类。它们的到来成了一场灾难，对当地生态系统造成不可逆的损害。如今，欧鲇已遍布各大流域，而且尚没有天敌。观察这幅颇具戏剧化的画面(上图)，我们不难看出抑制欧鲇的难度。

此外，垂钓爱好者格外热衷钓欧鲇，所以对欧鲇的抑制也常常遭到他们的反对。因此，当地政府需要在生态保护与垂钓经济之间找到

平衡，使双方达成一致，并以此为基础采取措施，从而控制欧鲇的数量。

上图：一条欧鲇（*Silurus glanis*）跃上卵石滩，试图伏击原鸽。摄于法国塔恩河。

上图：两只年轻的海狸鼠（*Myocastor coypus*）在法国旺代河游泳。
右图：一只海狸鼠正在清理皮毛，这一行为也被称作“打扮”，主要目的是消灭身上的寄生虫。

海狸鼠

海狸鼠（*Myocastor coypus*）是一种来自南美湿地的啮齿动物。20世纪30年代，毛皮动物海狸鼠来到欧洲。自20世纪60年代起，由于经济效益下降，海狸鼠的皮毛生意遭舍弃，海狸鼠也变得更为常见。如今，除了英国的海狸鼠已被彻底根除，它们已在欧洲其他国家遍地开花。人为放生或从养殖场出逃的海狸鼠是首批野生化的物种，它们在广阔的平原灌溉地、湿地、湖泊、运河和沿河区域定居。

在外形上，海狸鼠介于河狸和老鼠之间，它继承了前者的体型、毛色和后者的尾巴。海狸鼠橙黄色的门牙清晰可辨，浓密的胡须呈白色，带蹼的后腿使其能矫健地游泳，而前脚掌则能够帮助它细细地咀嚼食物并彻底清理皮毛。雌性海狸鼠会和幼崽们组成一个个小群体，这些幼崽将在三个月大时走向独立。

一系列的生物属性让海狸鼠的足迹遍布全欧：它缺乏一定规模的天敌；繁殖率高（甚至三年可产五胎）；具备超强的环境适应能力。在气候较温和的南欧，海狸鼠全年都保持活跃，能够适应四季变迁。在夏季，海狸鼠习惯在夜间出洞；在冬季，它们则更喜欢在白天活动。

海狸鼠的到来不仅对其他动植物造成了影响，而且还破坏了土地状况。它们沿着运河、河岸和堤坝不断挖掘隧道和洞穴，破坏了土壤结构的稳定性。正因如此，在洪水泛滥期，它们的洞穴使得河岸愈加脆弱，甚至发生坍塌，需要额外的人工维护。

作为并不挑食的草食动物，海狸鼠也是睡莲和芦苇（沼泽芦苇和香蒲）类浮游植物的噩梦。有时，它甚至能让浮游植物彻底灭绝，导致生态系统发生改变。即使是农作物（尤其是幼苗）也难逃这种啮齿动物带来的厄运。海狸鼠对水生鸟类的负面影响并非它们会偷食鸟蛋，而在于它们在鸟巢周围不停地穿梭。人们已经注意到，无论是白天还是黑夜，海狸鼠都会在白骨顶和水鸟的巢穴驻足，丝毫不在意鸟蛋的安危：倘若海狸鼠经过，鸟蛋便会被碾碎，巢穴也会惨遭破坏。

上图：一只彩龟和一条水游蛇沐浴在阳光下。摄于法国法兰西岛大区塞纳-马恩省。

彩龟

哪怕没有真正实现过，想必每个人都曾幻想过在家里养一只可爱的乌龟吧。只是当乌龟长大后，由于其体型过大（龟壳可达15~20厘米）、寿命过长（人工饲养龟可活40岁），便不宜屈居于家用养殖箱了，此时，人类便会将乌龟放生。事实也的确如此。20世纪90年代，彩龟（*Trachemys scripta*）在欧洲各地的市场和宠物店内出售。当人们意识到彩龟的入侵性及其给生态系统带来的危害后，便禁止彩龟相关的销售和进口活动，但为时已晚，彩龟已经本土化。同时，进口禁令还为彩龟的替代物打开了市场。在意大利，目前有9种外来龟，分为4个种属：地图龟属、石龟属、伪龟属、彩龟属。

由于分布广泛，适应性强，彩龟仍然是外来物种中入侵性最强和危险系数最高的一类。彩龟贪吃，幼年彩龟以小鱼、无脊椎动物和两栖动物为食，成年彩龟却是草食动物，它与欧洲泽龟（*Emys orbicularis*）存在直接竞争关系。彩龟和欧洲泽龟栖息在同一片区域，喜水生植物丰富的缓流区或湿地。虽然欧洲泽龟几乎仅食鱼类，但二者的饮食结构不乏重合之处。外来物种正逐渐取代本地物种。在意大利，欧洲泽龟被视为濒危物种，在情况稍乐观的其他欧洲国家，它们也普遍处于消亡状态。很显然，自20世纪30年代以来，填海造地破坏了沼泽地的生态环境；接踵建造的水泥灌溉渠危及产卵区；水污染导致食物资源急剧减少。换而言之，可怜的欧洲泽龟不仅面临着原有的威胁，还遭受着外来物种的入侵，而这位入侵者是最危险的物种之一。

当外来物种的分布达到超高密度时，它不仅会取代本地物种，还会导致两栖动物、节肢动物和软体动物的数量锐减，并灾难性地减少水生植被覆盖率，致使整个生态系统失衡。

克氏原螯虾

克氏原螯虾（*Procambarus clarkii*）是出口量最大的食品之一，因其攻击性强，也被称为“龙虾杀手”。从橙色到红褐色再到鲜红色，它的甲壳颜色醒目，因此可以轻而易举将它和本土的苍白石螯虾（*Austropotamobius pallipes*）区分开来。苍白石螯虾的甲壳颜色较为黯淡，呈绿褐色，易于隐藏。克氏原螯虾以其斑斓的色彩闻名，如亮蓝色或明黄色。作为水族馆的观赏动物，克氏原螯虾广受欢迎，它们的钳爪上还附有红色小结，雄虾的钳爪更大。

上图：克氏原螯虾（*Procambarus clarkii*）是分布最广泛的外来入侵物种之一。摄于法国萨瓦省阿尔卑斯山脉。

克氏原螯虾原产于北美洲，如今，除澳大利亚和南极洲外，它们已被引进其他大陆。在新领地里，克氏原螯虾栖息在死水（即不流动的内陆水生地）中，比如池塘和沼泽。有时候，它们甚至会进入咸水中生活。面对不同的栖息地，即使在次等环境里（并不完全适宜生存的地方），克氏原螯虾也展现出了极强的适应性，这让它成为最具入侵性的外来物种之一。克氏原螯虾能够完美地适应水体的季节性波动、忍耐干旱期（它可以在岸上呼吸）以及应对突如其来的洪水。它生活在湖泊、河流和灌溉渠等水生环境，不论是在天然水域，还是在高度污染的水体，都能看到它们的身影。因此，虽然克氏原螯虾可食用，但它的存在并不意味着栖息地的生态环境好。由于克氏原螯虾能够适应受污染的环境，其体内可能累积着有毒物质和重金属（生物累积），所以食用它们有风险，并不建议食用。

同许多入侵物种一样，克氏原螯虾携有真菌（但其自身具备抵抗力），比如“龙虾瘟疫”。它们会将真菌传染给本地其他物种，致使其他物种数量锐减。在整个欧洲境内，苍白石螯虾的数量急剧减少，已被国际自然保护联盟列为受威胁物种。其实，在克氏原螯虾到来之前，苍白石螯虾的情况已不容乐观。和许多栖息在沼泽地和死水环境的物种一样，随着栖息地遭到破坏，逐渐呈碎片化，苍白石螯虾的数量骤减。它们彼此隔离，不再互相联系，基因交换率低，力量遭到严重削弱，也更容易遭受污染物的荼毒；此外，人类在耕地和灌溉渠施肥，降低了水体的含氧量，甚至导致水体缺氧；农用杀菌剂中往往含有重金属，苍白石螯虾对此也极为敏感。

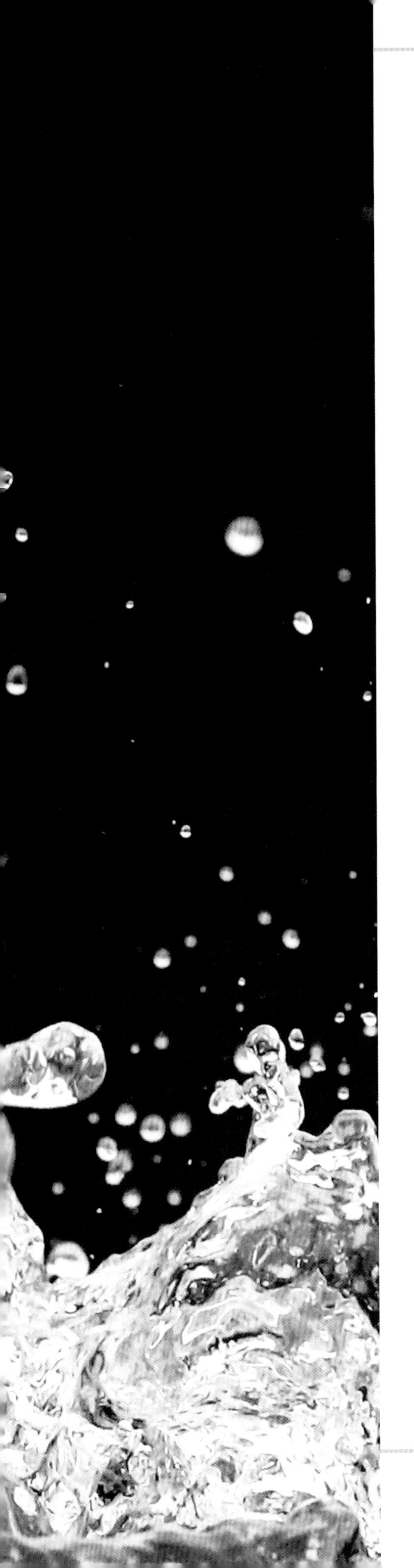

沿河而居

古老而伟大的人类文明沿河而生。河流是水之源头，也是交通要道。从人类出现至今，大型的淡水保护区附近都栖息着庞大的生物种群，具备丰富的生物多样性。

翠鸟

为了便于寻找食物，拥有一个更安全的住所，许多“陆生”动物已适应沿河而居的生活。生活在岸边的动物，除了鹅、鸭、天鹅和苍鹭，还有色彩斑斓的小王子——翠鸟（*Alcedu atthis*）。翠鸟喜独居，领域性极强，它们每天都需摄入约自身体重60%的食物。夜间，翠鸟常躲避在茂密的水生植物丛中。翠鸟会在秋日结成伴侣，从春季开始沿河筑巢。它们挖掘沙地、卵石和土壤，将巢穴建在一条隧道上，隧道长度可超90厘米，之后再

第134~135页图：一只翠鸟（*Alcedo atthis*）衔着刚捕获的猎物破水而出。俯冲——抓捕——出水，翠鸟的猎捕速度令人惊叹，将这幅画面定格下来绝非易事，摄影机以每秒10帧的速度才将其捕捉到。

上图：一只衔着鱼的翠鸟打算把猎物带给河边巢穴内的伴侣或幼崽。

右图：一只欧亚河狸（*Castor fiber*）将清理干净的桦树枝放到其筑造的堤坝上。欧亚河狸性格孤僻，喜欢在夜间行动。英国德文郡野生动植物基金会负责德文郡河狸项目的管理，该项目旨在保护欧亚河狸。

适应进化

受构造形态的影响，翠鸟巢穴内部的通风效果并不好，若是数只翠鸟挤在一起，还会导致含氧量降低以及二氧化碳浓度增加。正因如此，翠鸟已经进化到能够适应二氧化碳浓度达6%的空气，而普通空气的二氧化碳浓度仅为0.04%。

扩建巢穴，使之成为光秃秃的椭圆状。隧道的直径，即外界看到的巢穴入口，约为15厘米。成双结对的翠鸟从隧道口进出，它们交替孵蛋并在此地育雏。和翠鸟一样，还有一些哺乳动物也在河岸中建造“隧道”，共同塑造河岸风光。

河狸

有些动物一天中的绝大部分时间都在进食，而有些动物则乐于终日劳作，演绎着蝉和蚂蚁那亘古不变的寓言故事。其实，劳动与否，很大程度上取决于动物获取食物所需的能量以及它们愿意投入多少精力来建造住所。

谈到堤坝，我们自然而然会想到来自北美的可爱动物——河狸。河狸会在广阔的湖心处打造一个庞大的土堆，里面堆着参差不齐的树枝。土堆就像一座坚不可摧的城堡，被宽阔的护城河所环绕。

欧亚河狸（*Castor fiber*）的体型略小（体长为74~90厘米），灵巧敏捷。它是欧洲大陆上最大的啮齿动物，其祖先可追溯至窄颅河狸。窄颅河狸是一种已灭绝的啮齿动物，其后代无法适应水生生活。窄颅河狸生活在3200万年至1800万年前（下渐新世到中新世），在德国、法国、瑞士和哈萨克斯坦的许多化石矿层中均可见其身影。

河狸热爱劳作，它们通过啃伐树木和小树苗来获取食物与筑巢材料。河狸尾巴呈扁平状，强健有力，覆有“鳞片”，它常以尾巴做

支撑，用坚固且持续生长的门牙咬着树干转圈，并在上面留下深深的咬痕。河狸能“砍”下直径15厘米的树枝，也有记载称河狸曾“砍”下直径达1米的老树根。树木倒下之际，河狸立刻跑开躲避，但有时也难逃被压死的厄运。盘根错节的树干会阻碍河水的流通，形成一汪潭水。河狸在潭水中央利用树杈和枝干筑造典型的“棚屋式”巢穴，搭建一个干燥的窝，并挖掘水下通道。不过，与前者相比，它们更习惯利用天然洞穴或在岸边挖洞，从水下挖一个直通巢穴的宽阔入口。有时候，河狸也会利用木屑、泥土和灌木在岸边搭巢，并将其掩藏在植物丛中。每一个巢穴中都生活着一户河狸家庭，通常包括一对稳定的伴侣和刚出生的幼崽，偶尔也会有去年出生的小河狸。河狸的领地面积约3平方千米，且会随着栖息地、居住密度和季节的变化而变化。典型的水生特性使河狸能够很好地保护自己，免遭天敌捕获，其天敌包括狼、猞猁、狼獾和红狐。

从自然的角度来看，河狸建造的堤坝为野生动物们带来了无数福

祉。水中枯木成为一些鱼类和大量水生无脊椎动物的藏身之所，生活在湿地的小型哺乳动物也能从中受益，在岸边栖息的肉食动物因此收获了更多的猎物。寒冷的日子里，河狸鲜少出洞，但它们并没有冬眠的习惯。因此，两栖动物和游蛇都能在河狸温暖的洞穴里过冬。此外，江鳕（*Lota lota*）也会游入河狸水下的洞穴。江鳕是唯一一类生活在淡水中的鳕形目鱼类，鳕形目还包括欧洲无须鳕（*Merluccius merluccius*）、大西洋鳕（*Gadus morhua*）。

人类对河狸的存在并不总是喜闻乐见，因为它们会严重破坏水坝，堵塞排水管道。夏季，河狸在温度高的浅水区搭建巢穴，给一些鱼类带来不便。尤其是在立陶宛，人们注意到河狸建造的堤坝干扰了鱼类迁徙。因此，人们采取了一些“紧急”措施，例如放置管道、疏通河流，添置栅栏、封闭排水管道，放置电围栏防止河狸在某些河段建造堤坝，从而帮助鱼群迁徙。

和表亲美洲河狸（*Castor canadensis*）一样，欧亚河狸也曾惨遭猎捕，失去了栖息地。它们曾一度占领除地中海和日本外的所有地方，辉煌一时。如今，欧亚河狸沦落到只能在挪威、法国、德国、波兰和俄罗斯小范围生存。近年来，欧亚河狸被成功引入芬兰、

瑞典、瑞士和奥地利。自2018年12月起，研究人员放置在意大利乌迪内省塔尔维西奥森林中的隐藏小型摄像机捕捉到了欧亚河狸的身影。在芬兰，率先被引进的美洲河狸更加强健敏捷，欧亚河狸与它的竞争相当激烈。

上图：河狸妈妈与两只幼崽正在享用柳树枝。在河狸的饮食结构中，含有柳醇的柳树枝具有抗炎作用，但其功效远不止于此。摄于英国德文郡奥特河。

河狸香

和许多哺乳动物一样，河狸有两个肛门腺，能够分泌出散发着麝香气味的“河狸香”。“河狸香”不同于沐浴露的芬芳，在河狸标记领地、与同伴交流的时候，这种浓烈的气味大有用途。几个世纪以来，人们一直认为“河狸香”是制造香水的必备品，还具备治疗效果。遗憾的是，“河狸香”也是捕捉河狸的有力诱饵。

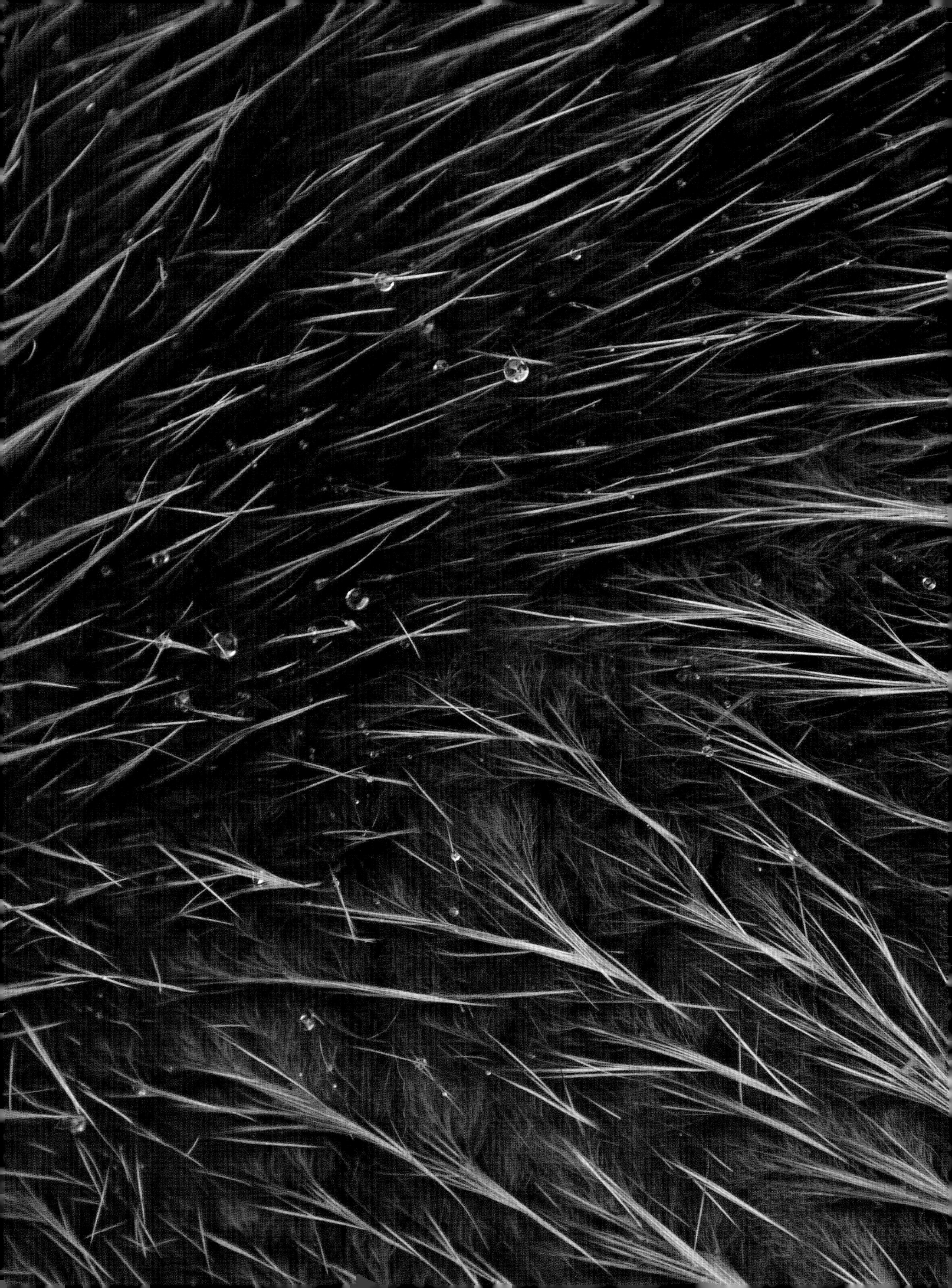

聚焦 潜水服

河狸的饮食结构缺乏蛋白质，但搭建巢穴需要耗费大量体力，再加上在寒冷的水域里潜水不易，所以河狸需要具备一些特殊的保暖技能。观察河狸的外形，其身体和口鼻十分紧凑，四肢短，耳朵小，不难看出它具备强大的适应能力。河狸有两层皮毛，表层皮毛极其浓密（河狸后背每平方厘米皮肤上的毛多达12000根，而腹部毛数量几乎是其两倍），油光锃亮，能防水；内层毛皮浓密而柔软，皮下脂肪将空气隔绝在外。

配备了这样一件货真价实的“潜水服”，河狸能在水里自如地畅游。它将前爪紧贴在身体两侧，带蹼的强健后腿发力。必要之时，河狸会用宽大灵活的尾巴掌舵，加快移动速度。潜水时，河狸会关闭鼻孔和耳朵的小圆瓣。尽管它们嗅觉敏锐，但仍需要敏感的触须在水底探路，如此，即使在浑浊的污水里河狸也能找到归家的路。

左图：这张出水河狸毛的特写将特点展现得淋漓尽致——长长的外层毛油光锃亮，覆盖着浓密的内层绒毛。其毛可以储存空气，使其在寒冷的水域里游泳时，也能御寒保暖。

上图：在英国苏格兰设得兰群岛的海岸，欧洲水獭（*Lutra lutra*）一家三口躺在柔软的海草上小憩。

水獭

水獭（*Lutra lutra*）看似活泼可爱、憨厚友好。实际上，它长着一口肉食动物标配的牙齿，堪称娴熟的猎手。它身形纤细，爪子带蹼，是矫健且优雅的游泳健将。

与河狸一样，水獭也有双层皮毛，内层是浓密柔软且温暖的绒毛，外层则是长长的毛。双层皮毛让栖息在河边或湖泊旁的它们也能保持干燥。

水獭喜独居。雌水獭产仔时，会选一处僻静的处所安家，其巢穴所在的河段往往水位较深且水流缓慢，能够防御洪水侵袭并能储备充足的食物。水獭也会在空心木或岩石洞里搭巢，但大多数情况下，它们还是会在地下筑巢。此外，堤岸树根下的区域也备受水獭青睐。水獭的巢穴里有一两个宽敞的房间（大约为100厘米×80厘米×40厘米），里面塞满了草、芦苇、苔藓和树枝，巢穴有好几处入口，通风效果极好。成年水獭占据了巢穴后，会在通道留下排泄物，以此作为标记；但若是幼年水獭入住，则不会留下任何痕迹。如果巢穴与水道之间存在一段距离，那么在堤岸下的植被处往往会有一条通往巢穴的隐蔽小径。一旦选定了一个绝佳位置，水獭便会长久居住在此，有时甚至长达30年。

水獭没有繁殖季，雌水獭每年只会生产一次，它们的寿命约12岁，一生中最多只能生产3次。通常，经过60~65天的孕期，雌水獭会诞下2~3个后代，每个水獭幼崽平均重50克。前3个月的哺乳期内，水獭幼崽都由母亲独自抚养。2个月大左右，水獭幼崽便开始学习游泳和捕猎。大概在一岁到一岁半期间，小水獭便开始独立生活。

通常，水獭在领地内（约方圆12~30平方千米）的巢穴多达40多

俯冲下水

当水獭不捕猎也不进食的时候，就会休息或者清理皮毛，它们在泥土和草地上打滚，互相舔舐撕咬，甚至还会翻筋斗。俯冲下水这一动作看似妙趣横生，但这并不只是为了嬉戏玩乐，对于脚蹼短小的水獭来说，这是最快速、最实用的下水方式!

上图：刚在水下捕获了一条鱼的水獭。摄于法国阿尔萨斯。

个。冬季，水獭白天会在巢穴里小憩，在其他季节，巢穴也是水獭在星空下入眠的绝佳之地。水獭喜欢栖息在堤岸的树枝、裸露的庞大树根、其他动物挖的洞穴或隐蔽的灌木丛中。它们并不喜欢离开河岸，但更偏爱安全系数高、远离其他动物侵扰、临近食物资源的地方，哪怕距离河岸800~1000米远。水獭生性好动，新陈代谢速度快，必须频繁地进食并尽量缩短觅食行程，所以它们的巢穴分布密度很高。

水獭曾一度广泛分布于欧洲，但自20世纪60年代以来，其数量锐减（爱尔兰和苏格兰仍然是西欧地区中水獭最多的地方）。究其原因，除了栖息地被破坏，还因为水源遭到了污染。水里的表面活性剂溶解了水獭皮毛上的保护物质，使其保护性下降，导致水獭“湿身”，体温也随之下降。如今，水獭种群分散四地，除了重新引进水獭，人们还颁布各类环境法和保护法，以促使它们重返欧洲大部分地区。一直以来，意大利境内的水獭均分布在中部和南部区域。

和狼群、狮子一样，水獭处于食物链的顶端，但它们仍面临一个问题——在有些栖息地它特殊的饮食习惯得不到满足。水獭以鱼类为食，但是从水里迅速捕获猎物绝非易事，所以从母亲那里习得捕猎的秘诀尤为关键。捕猎时，水獭会潜伏在水面，一发现猎物，就一头扎入水中。

鲑鱼和鳟鱼是上佳的美味，但它们的行动相当敏捷，所以水獭还得靠鲃鱼和欧鲢来果腹。一般情况下，水獭会根据捕猎的难度来选择猎物，也会考虑猎物的脆弱性和营养价值，它们不会为了捕获体长10~15厘米以下的鱼而耗费精力。对水獭而言，鳗鱼是令人垂涎的优质猎物。此外，水獭还以两栖动物和甲壳类动物为食，比如河蟹和其他无脊椎动物，它们鲜少食用小型哺乳动物、爬行动物和鸟类。

啮齿动物和小型肉食动物

河狸和水獭非常善于隐蔽，但作为欧洲水域内最大的啮齿动物和肉食动物，它们仍为世人所熟知。河狸和水獭的洞穴入口处很宽敞，极具辨识度。

水田鼠（*Arvicola amphibius*）身型矮胖，口鼻圆，耳朵小，四肢短。和其他田鼠一样，水田鼠适宜生活在寒冷的环境。近年来，水田鼠在欧洲遍地开花，还活跃于地中海地区，其学名水䶄曾引起某些误解，现已被修订。

河堤附近有许多水田鼠的洞穴口，直径约4厘米。水田鼠的巢穴面积可达300平方米，它们用前腿挖出长长的隧道，后腿负责把土刨出。一些巢穴口虽然远离河岸，但它们与鼹鼠堆积的松软“小山丘”极其相似，不过在中心有一个孔，所以极易识别。

水田鼠这种体长约20厘米的啮齿动物没有蹼，也不爱泡在水里。但是，如果身陷险境，它能以5千米/时的速度在水下游泳。水田鼠会根据两个因素选择栖息地：一要带有水下入口，以便于防御和逃跑；二要具备丰富的食物资源。水田鼠以沿河两岸的水生植物根茎为食，也吃禾本科植物（如小麦、燕麦）的种子和果实，还食用一些软体动物和水生无脊椎动物，以此来补充蛋白质。

水田鼠有许多居住地，它们以家庭为单位，在豪华的洞穴里过着群居生活。它们的洞穴里有塞满干草和毛的起居室、游戏室和几间储藏室（它们不冬眠，在冬季需要进食）。此外，它们在外围的小区域还配备了浴室，水田鼠和野鼠都很爱干净！

尽管体型小巧，但水鼩鼱却有一口锋利的牙齿，还有能分泌毒素的唾液腺体，是一位敏捷的捕食者。水鼩鼱体长约10厘米，南欧水鼩鼱更加迷你，这两类物种十分相似，其分布区域也相差无几。跟刺猬和鼹鼠一样，它们都属于食虫动物，最多每隔三小时就必须进食，否则便会面临“饿死”的风险。水鼩鼱和南欧水鼩鼱必须依靠丰富的能量供给才能维持基本体温，每天都要食用一定量的水生无脊椎动物，其猎物包括小鱼、两栖动物，甚至是超过它们自身重量的小田鼠。它们的短毛能储存空气，使其可以在水中漂浮，但若是潜水的时间过长，则需要一处停泊地才能进行。它们的后腿强健有力，外层的皮毛短而坚硬，赋予了它们游泳的天赋。

水鼩鼱喜独居，它们在河堤附近挖掘浅层隧道，刨出多处入口，还常常在其他动物遗弃的巢穴中搭建住所。水鼩鼱的居所被苔藓、干草和树叶所覆盖，当它从水里出来后，便会立即奔向某一个房间，将毛发贴在墙壁上，让泥土吸收水分，以此来“晾干”自己。

左图：一只成年水田鼠（*Arvicola amphibius*）从河岸边的排水管里爬出来。摄于英国肯特郡。

上图：水鼩鼱（*Neomys fodiens*）嗅觉灵敏。这只水鼩鼱感觉到了空气里弥漫的某种气息：到底是绝佳的猎物还是潜在的危险？

湖泊与池塘

缓水区含氧量低，水温起伏不定，水流时有波动，底部泥沙多，这里的动物群已适应这样的环境。湖泊与池塘的水源补给形式多样：有些经年累月持续地输送，有些昙花一现转瞬即逝；有些是汇入江河的孤立支流，有些是从地底奔涌而出的洪流；还有些是人工补给——人们通过农业导流施工或建造水坝来引流。在大自然的作用下，哪怕是微不足道的涓涓细流，也将汇集成奔腾的滔滔江河。

堤岸昼夜温差大，水生植物可调节温度。水生植物的有机养分含量高，有时有机物过量还会导致水体缺氧，但水生植物亦能制造氧气。水生植物是动物们的藏身之所，它们在这里搭穴筑巢，伺机发动致命袭击。自然与生物相得益彰，让这里成为生物多样性丰富且独具特色的人间沃土。

左图：一只刚完成蜕皮的雌性皇蜻蜓（*Anax imperator*）破壳而出，在芦苇上小憩。摄于西班牙卡斯蒂利亚—莱昂自治区萨拉曼卡欧洲荒野再生区域，阿萨巴的坎帕尼亚斯生物保护区。

鹭鸟园

尽管共居地稍显拥挤，但它也不乏优点。群居的鹭鸟深谙这一点，它们能够和平共处，宁愿过群居生活也不愿独处，各类鹭鸟结对栖息在鹭鸟园。

鹭鸟和鹭鸟园

大多数鹭鸟都过着群居生活。鹭鸟园的鹭鸟从数十只到数百只不等，它们在水草间筑巢而居。鹭鸟青睐水生环境，喜欢近水、临近牛轭湖（独立的河流分支）的丛林，也喜欢低位沼泽。在全世界的温带和热带地区，鹭鸟的首选栖息地都是平原湿地（包括河流三角洲），因为那里的食物资源丰富（虽然存在个例，但各类鹭鸟的饮食习惯大致相同）。

如何识别鹭鸟？鹭鸟属于鹭科，外形独具特色。它们身材纤

第148~149页图：繁殖季结束，鹭鸟群会继续居住在群居地，直至迁徙之日，就像图中的这只苍鹭（*Ardea cinerea*）。摄于荷兰阿姆斯特丹。

上图：一只大白鹭（*Ardea alba*）正在梳理白羽。摄于荷兰法尔肯斯瓦德自然保护区。

右图：一只牛背鹭（*Bubulcus ibis*）衔着长树枝，朝着搭建中的巢穴飞去。摄于葡萄牙阿连特茹，卡斯特罗佛得角格雷洛。

瘦，腿细而长，喙尖而粗，双翅宽大，尾部短小。白鹭的头肩部垂有饰羽，在繁衍期或领地仪式上，白鹭会一展风华。白鹭的脖颈修长，内有关节，这让它们能够发动突袭捕捉猎物，比如昆虫、蚯蚓、小型爬行动物和两栖动物。

众多喜群居的知名鹭鸟都属于鹈形目 。但有时候，人们会看见鹈鹕、白琵鹭、朱鹭、白鹳和鸬鹚也在鹭鸟园内。

从生态学和个体生态学的角度来看，鹭鸟是群居动物。大多数欧洲鹭鸟都会筑巢群居，即使繁衍季节结束，它们也会聚集在一起休息。

从黄褐色到黑色、赭石色和灰色，鹭鸟的羽翼色彩丰富，不同种鹭鸟的羽毛颜色也不尽相同。虽然白色不利于藏匿和伪装，但人们最常见到的还是白色的鹭羽。大白鹭（*Ardea alba*）、小白鹭

（*Egretta garzetta*）和牛背鹭（*Bubulcus ibis*）的羽毛都是纯白色的，苍鹭（*Ardea cinerea*）、夜鹭（*Nycticorax nycticorax*）和白翅黄池鹭（*Ardeola ralloides*）则只有部分羽毛为白色。

对于鹭鸟而言，淡淡的羽色仿佛带有“社交属性”。群居生活让成员受益颇多，为了跟同伴保持联系，它们需将自己暴露在外。即使身在远处，枝叶间的白色羽毛也能吸引同类的注意，这便是它们着色的目的。此外，庞大的体型让鹭鸟并不会轻易沦为猎物，这或许是它们不擅长伪装的原因之一，至少对于上文提到的鹭鸟来说便是如此。在田野或牧场上，成群聚集的牛背鹭体现出羽色的“社交属性”。

鹭鸟会定期迁徙至撒哈拉以南，从三月起至六七月，它们会启程返回欧洲，进入繁衍季。但有些种类的鹭鸟已经停止迁徙活动，如苍鹭和牛背鹭，它们会前往平原地区或者地中海海岸过冬，这使它们在冬末便早早占据巢穴，比其他鹭鸟更先开始交配。得益于此，若这些鹭鸟的第一胎出现问题，还可以产第二胎，以确保成功繁衍后代。

鹭鸟园是一个真正意义上的共居地，鹭鸟在树枝、灌木和芦苇间搭巢，每只鹭鸟都拥有自己的地盘。不同种的鹭鸟会选择在不同的位置筑巢，苍鹭青睐偏高的地带，

左图：一对草鹭（*Ardea purpurea*）在芦苇丛中筑巢。彼此问候时，它们颈部的冠羽会向上翘起。摄于德国。

上图：一只雄性小苇鳽（*Ixobrychus minutus*）稳稳地挂在芦苇之间。摄于希腊普雷斯帕湖。

在杨树和黑桤木高耸的树枝间筑巢；小白鹭、夜鹭、牛背鹭和白翅黄池鹭喜欢浓密的柳树和柳树丛；大白鹭、草鹭（*Ardea purpurea*）、大麻鳽（*Botaurus stellaris*）和小苇鳽（*Ixobrychus minutus*）则偏爱在芦苇丛中安家。

大麻鳽和小苇鳽

与沼泽地里的同伴相比，大麻鳽和小苇鳽显得尤为孤僻，它们好独居，来去无踪。二者在茂密的芦苇丛间筑巢，有时也栖息于稻田中，如今它们愈加习惯稻田的生活，因为在那里也能找到食物。鹭科鸟类中，在地面筑巢的种类已进化出一种伪装羽衣，甚至会做出怪异的行为，让自己与周围的环境融为一体。

大麻鳽会一动不动地站在巢穴上，颈部和喙朝上，模仿芦苇的样子，雏鸟也会随之效仿，而小苇鳽由于自身趾长且有力，则会“挂”在芦苇上面。

欧洲境内自然湿地的锐减导致这两类物种的数量均有所下降。

上图：一只正在捕鱼的白鹭（*Egretta garzetta*）。摄于西班牙阿斯图里亚斯。

白鹭

“鹭鸟园”（garzaia）这个词源于“鹭”（sgarza），直至今日，意大利曼托瓦方言将鹭鸟称为 “sgàrse”，威尼斯方言则将其叫作“sgàrso”。不同的称呼说明鹭鸟曾出现在意大利北部的乡村和湖泊，也曾出现在当地居民的生活中。“鹭鸟园”（garzaia）一词还可能演变自一类鹭鸟——白鹭

鹭鸟群中的入侵物种

圣鹮（*Threskiornis aethiopicus*）是一种外来涉禽，体型中等。目前，圣鹮的分布范围遍及整个撒哈拉以南，直至南非（原产地），还被引入欧洲。在埃及，圣鹮被视为托特神的人间化身，曾被埃及人当作神灵供奉。不过，目前圣鹮在埃及已经灭绝。首批圣鹮由于逃离圈养而来到欧洲，人们出于观赏目的开始饲养它们。后来，圣鹮自行繁衍，对欧洲本土的物种构成了严重威胁。圣鹮是无所不食的捕食者，田野和湿地里的食物都会被它统统吃掉，它甚至还觊觎水生动物的蛋和雏鸟。圣鹮的到来对鹭鸟的群居生活造成了威胁，它是鹭鸟的直接竞争者，双方争夺地盘，抢夺食物资源。在欧洲，圣鹮已被列为外来入侵物种。

（*garzetta*）。白鹭的羽毛雪白，喙和爪子的上半部分是黑色的，末端呈明黄色。白鹭的头上有长长的冠羽，背部的蓑状羽轻盈飘逸，就像婚纱一样，白鹭是鹭鸟园的标志性物种。

巢穴和群落

春季，繁殖期内的鹭鸟会产下3~7枚蛋，鲜少达到10枚。只有在鸟蛋遭破坏或被盗食的情况下，鹭鸟才会孵化新的鸟蛋。鹭鸟的巢穴既宽敞又坚固，但也有些毛糙，其巢穴以粗大的树枝打底，上面铺有细软的枝叶。鹭鸟巢的大小与其自身体型成正比，直径30～100厘米不等。如果巢穴搭建在芦苇附近，那么鹭鸟会用沼泽芦苇作为建筑材料。如果是大白鹭搭建巢穴，还会取决于处于一年中的哪个时节。繁殖期内，鹭鸟（譬如大麻鳽）有时会加固巢穴，甚至将其扩建到三倍大。通常，雄性鹭鸟负责搭建结构并运输材料，而雌性鹭鸟则负责大部分的筑巢工作，雄性鹭鸟偶尔会施以援手。鹭鸟的孵化过程平均持续20～30天，鹭鸟并没有明显的性别二态性（雌雄鹭鸟几乎完全相同），双方都会承担孵蛋的任务，它们每天会轮岗3~4次。那些完全依赖父母的雏鸟被称作“留巢雏”，新出生的雏鸟无法自理，鹭鸟父母会哺育它们20～30天。随着幼雏长大，它们需要的食物也日渐增多，鹭鸟父母甚至需要改变自身的生物节奏去觅食，比如夜鹭从昼伏夜出变为夜伏昼出，甚至昼夜均外出。

群居主要有两个目的。其一是避免成为猎物。成年鹭鸟的体型让其他飞禽和捕食者望而却步，它们沦为猎物的风险极小。但是，成年鹭鸟需要建立一个安全的屏障来保护鸟蛋和幼雏。它们会建造一个难以侵袭的巢穴，并将其悬挂在高高的枝叶缠绕处；它们还会配备预警系统，时刻关注鸟蛋安危。鹭鸟成群结队的社会性促使警报系统的诞生，以分摊新生雏鸟或鸟蛋被捕食的风险。毕竟捕食者每次只能享用一定数量的猎物，丰富的猎物聚集

左图：三只准备离巢的幼年苍鹭。摄于法国卡马格湿地自然保护区蓬德高鸟公园。

右图：一只正在搭建鸟巢的攀雀（*Remiz pendulinus*）。摄于德国萨克森-安哈尔特州。

在一起，在短时间内保障了绝大多数新生雏鸟和鸟蛋的安危。

其二是充分利用资源。群居生活中，邻里间不乏小摩擦，大家都对生存资源虎视眈眈，但鹭鸟们试图弱化彼此之间对食物、领地和筑巢材料的竞争，使群体生活的优势达到最大化。正如前文所述，不同的鹭鸟品种都有其偏好的筑巢区间，它们充分利用植物的分层结构来搭建巢穴。鹭鸟具备社会性，彼此会沟通食物信息，鹭鸟园也成了一个真正的信息中心。若一只鹭鸟带着鼓鼓的胃囊回到鹭鸟园，那么在下一次飞行中，其他鹭鸟会紧随其后，期盼着能够抵达觅食宝地。这便是为何人们极少看到鹭鸟独自进食，而常常见到一群鹭鸟共同进食，它们大概率属于同一个群落。

记事本

倒映在水中的鸟巢

在沼泽草丛中藏匿着一种小型雀形目——攀雀（*Remiz pendulinus*），其巢穴形状奇特，堪称一颗耀眼的建筑明珠。攀雀用草叶、嫩枝、柳絮和芦苇编巢，有时候它也会用动物皮毛作为原材料。攀雀巢极其柔软，呈沙袋状，侧面有一个管状通道。巢穴牢牢地悬挂在柳树、杨树、桉树或沼泽芦苇的枝叶顶端，在水面上方优雅地随风摇摆，丝毫没有隐蔽性可言，攀雀之名便得于此。

近几十年来，意大利境内的攀雀数量锐减（过去10年内，其数量至少减少了30%），攀雀被列为易危物种。在欧洲其他地区，攀雀的数量逐渐增加，其生存状况并未引起担忧，这与意大利北部的状况形成鲜明对比。截至目前，攀雀在意大利急剧减少的原因尚不可知，不过，当前的困境一定与持续开垦湿地、忽视边缘区域的灌木丛有关。攀雀危机不容小觑，但由于意大利攀雀品种有生殖隔离，从欧洲其他地区引进别的品种不切实际，如果继续面临巨大的环境压力，意大利的攀雀注定会走向灭绝。

水下世界的猎手

栖息在缓水区的动物们拥有一个独立的世界。缓水区的水流并不湍急，有时水体浑浊，含氧量低,但也蕴藏着许多资源。不过，即使是在风平浪静的水底世界，狩猎者也总是伺机而动。

白斑狗鱼

在能见度低、含氧量低且水流易波动的水域，白斑狗鱼（*Esox lucius*）是站在食物链顶端的猎手。它能够维持猎物跟猎手之间的平衡，控制多产鱼（鲤科）的数量。白斑狗鱼格外青睐病恹恹的、奄奄一息的猎物，这样就不必为了捕猎而大费周章，从而节省精力。另外，此举还控制了

第158~159页图：一条白斑狗鱼（*Esox luciu*）在茂密的光叶眼子菜中遨游。摄于瑞士纽沙特州布德里区附近的纳沙泰尔湖。

上图：水底沙砾上，两条赤眼鳟（*Scardinius erythrophthalmus*）正游向隐蔽处。摄于芬兰。

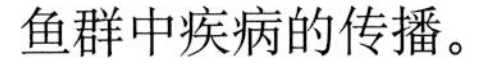

右图：一条在睡莲叶间畅游的丁鲹（*Tinca tinca*）。摄于法国安河。

鱼群中疾病的传播。

白斑狗鱼的嘴唇奇特，似鸭嘴状，一口利齿刚劲又锋利。白斑狗鱼擅突袭且具备极强的耐心，捕猎的时候，它们会藏身于水生植物中，静候倒霉蛋的到来。当前，白斑狗鱼的数量锐减，在有些沼泽地区，适应力更强的外来物种入侵，甚至将白斑狗鱼取而代之。

湖泊和池塘内的本土物种并不多，且都生活在浑浊的缓水区。白斑狗鱼和鲤科鱼类便生活于此，它们都在水生植物上大量产卵，父母不会照顾幼鱼，后者是白斑狗鱼的猎物。鲤科鱼类高产，它们以藻类和小型无脊椎动物为食。

威拟鲤（*Rutilus aula*）和亚得里亚拟鲤（*Rutilus rubilio*），前者来自波河，后者来自意大利中南地区，近些年，两者才被区别开来。威拟鲤和亚得里亚拟鲤都是意大利境内的特有物种，由于地理限制，两者逐渐分散，各自适应新的栖息地。在意大利北部，威拟鲤

常常混迹在赤眼鳟鱼群中，二者都是小型鱼类。赤眼鳟（*Scardinius erythrophthalmus*）能够忍受重度有机污染，在农田和城区都适应得相当不错。

丁鲹（*Tinac tinac*）和鲤鱼（*Cyprinus carpio*）的一些外形特征相同，二者唇部构造相似，嘴角的触须可伸缩，能够挖掘河底的泥沙。丁鲹和鲤鱼在黄昏时分和夜里很活跃，在这期间，河流水温较温和。大约在两千年前，罗马人从亚洲引进鲤鱼，如今它已被视为欧洲的本土物种。

聚焦 鲃鱼

鲃鱼的上唇有四根触须，它的名字由此而来（意大利语中，胡须的单词为barba，鲃鱼的单词为barbus）。鲃鱼用触须来觅食以无脊椎动物和软体动物为食。鲃鱼刺多，其鱼卵有毒，所有鱼类都对其敬而远之，但渔民却对它青睐有加，在全意大利掀起钓鲃鱼的风潮。

这听起来令人难以置信，但鲃鱼的确是意大利湖滨地区的典型物种。鲃鱼喜群居，小群栖息在清澈的深水区。出于偶然，鲃鱼被引入到意大利，现已彻底本土化。凡鲃（北部）和弯鳞鲃（中南部）是意大利特有的两个物种，鲃鱼与它们之间竞争激烈，使二者面临愈发严峻的生存危机。如今，凡鲃和弯鳞鲃的数量锐减，二者均被国际自然保护联盟列为易危物种。鲃鱼活跃于意大利北部地区，割裂了凡鲃的活动区域，阻断河段之间的联系，也破坏了不同鱼群的基因交换。从长远来看，凡鲃的数量将持续减少。

左图：鲃鱼（*Barbus barbus*）是外来物种，如今已在意大利完全本土化。摄于法国勃艮第。

上图：一只阔翅豆娘（*Calopteryx virgo*）在展示其金属色泽的外衣。摄于德国北莱茵－威斯特法伦州。

蜻蜓

晚春，沿着池塘散步，我们会看到不停盘旋的蜻蜓。阔翅豆娘（*Calopteryx virgo*）在空中飞舞，它是艳丽的舞娘，而飞行速度迅猛的则是皇蜻蜓（*Anax imperator*）。

蜻属或蜻蜓目是非常古老的昆虫，诞生于石炭纪（2亿至30万年以前），受周围环境影响，它们演变成了庞然大物——其翼展可达70厘米。如今，蜻蜓的体型十分娇小，它们会在水里和空中捕食，仍然在微观水世界里扮演着关键角色。

和其他昆虫（譬如鳞翅目）不同，蜻蜓的生命周期中并不包含成蛹或化蝶的变态阶段，而是循序渐进地由卵变为成虫。当蜻蜓长出翅膀，便意味着它从幼虫变为成虫，由水生动物变为陆生动物。

交配后，雌蜻蜓会在水面四处产卵，其卵呈凝胶状，附着在水生植物上。为避开竞争，有些蜻蜓会在丛林中的临时池塘或极其阴暗的池塘中产卵，比如蓝晏蜓（*Aeshna cyanea*）。通常，交配结束后，雄蜻蜓依然会抱住雌蜻蜓的头部。在雌蜻蜓产卵期间，雄蜻蜓会时刻保持警觉，以确保伴侣不会与其他雄性交配。

大约蜕皮10~15次后，初生的幼虫就会变为成虫。在这个阶段，它们的首要任务就是避免被吃掉，并迅速成长起来。起初，由于幼虫体型小，难以捕获甲壳类动物，它们的生存并不容易。但在短时间内，情况便会扭转。幼虫走向成熟后，会捕食几乎所有与自身体型相称的猎物，比如蚊子幼虫、仰蝽和蝌蚪，甚至还会吃小鱼。在这个微型世界里，最奇异的现象便是——无脊椎动物居然能够抓住脊

上图：皇蜻蜓（*Anax imperator*）的翅膀薄如蝉翼。摄于英国伦敦格林尼治半岛公园。

椎动物，美餐一顿。

最后一次蜕皮完成后，蜻蜓幼虫便会爬上芦苇，告别水面。出水后，幼虫会等待几分钟，让阳光晒干外壳，再从蜕壳的缝隙中钻出来，把干燥的蜕壳留在水草上。就这样，一只蜻蜓便横空出世了。蜻蜓的双眼又鼓又大，硕大的翅膀就像羊皮纸一样。此时蜻蜓不再用鳃呼吸，而是用气管呼吸。如果稍加留意，初夏之际，在池塘边能找到若干蜻蜓的蜕壳。

在成年后的初始阶段，蜻蜓为了保护自己，会远离湿地，栖息于丛林或灌木丛，成群的华艳色蟌和阔翅豆娘在凉爽的树荫下休息。几天后，当它们变得更加强壮，就会重返池塘。蜻蜓在池塘繁殖，并积极捍卫领地，以便捕获更多的猎物。蜻蜓的视力发达、头部灵活、双翅有力，是身手非凡的猎手。它们不仅能在飞行中捕食，而且还会在栖木上做埋伏，其埋伏范围达20米，双翅目、毛翅目、蜉蝣目都是它们的目标猎物。

蜻蜓的性别二态性相当明显。如雄基斑蜻的腹部是蓝色的，而雌基斑蜻的腹部是橙黄色的。基斑蜻属于蜻蜓目，它们体型较大，在休息的时候也会展开两翼，闭拢双眼。还有一类是均翅亚目，它们体型娇小，在休息的时候会将双翅折叠起来。

心斑绿蟌（*Enallagma cyathigerum*）是在欧洲境内分布最广泛的豆娘。心斑绿蟌适应能力强，栖息在河流的缓水区，从摩洛哥到北极圈，都能看到它的身影。

有些蜻蜓是迁徙而来的，比如鞍伟蜓（*Anax ephippiger*）。鞍伟蜓来自非洲或东南亚，在欧洲繁衍后代。全年在不同的纬度都能看

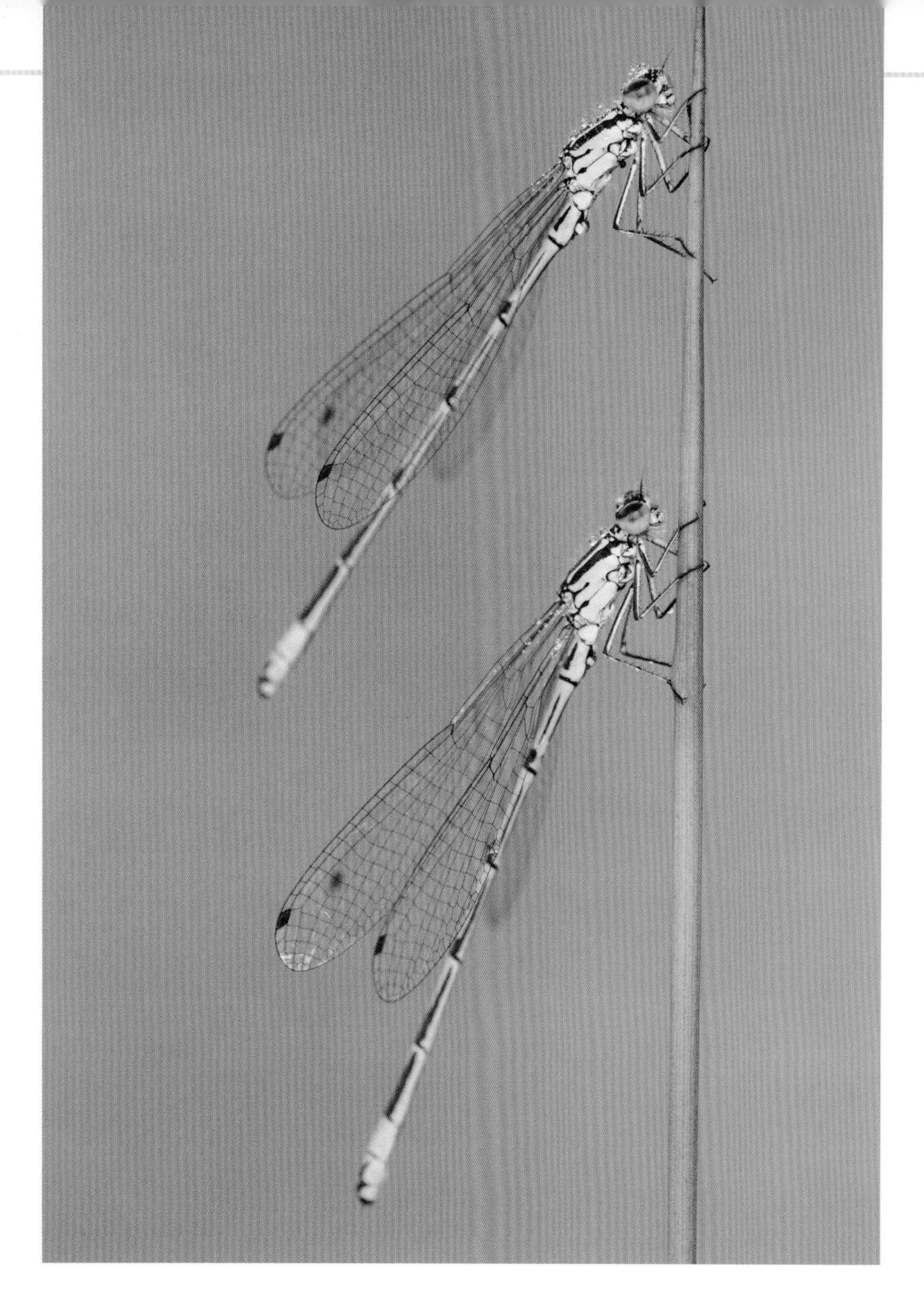

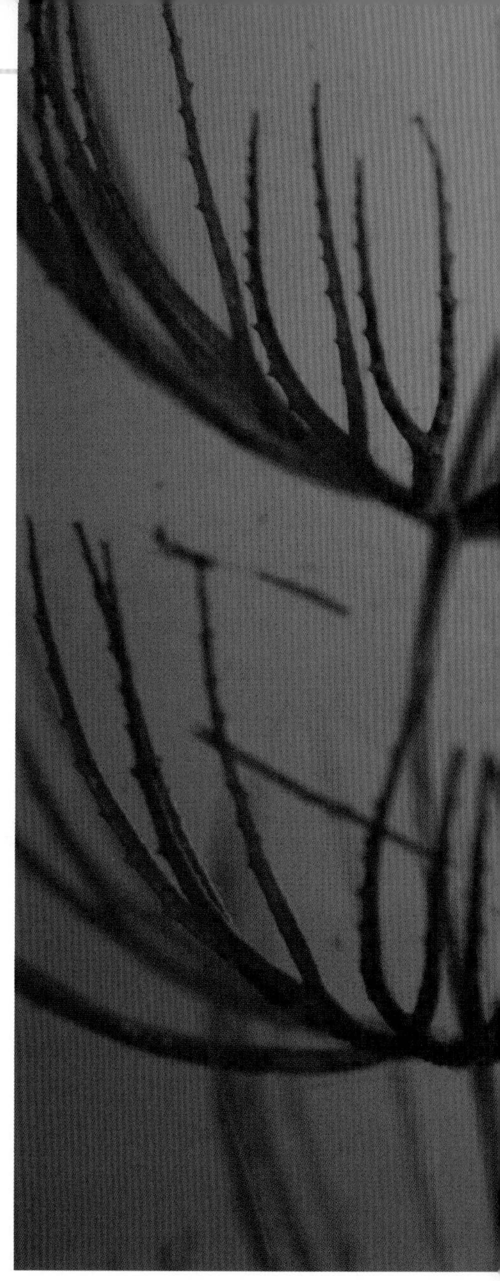

到鞍伟蜓的身影，它们也是冰岛有史以来唯一有记录的蜻蜓。

水下捕猎技巧

捕食者适应了水底的环境，个个身怀绝技。池塘下面暗流涌动，这是一个令人难以想象的世界。

让我们重新回到蜻蜓的世界。蜻蜓的腹部末端有尾鳃，具有运动与呼吸的功能，所以蜻蜓幼虫可以在水里呼吸。蜻蜓幼虫的下颚锋利无比，猎物经过时，它的下颚会迅速展开，像手臂一样钩住猎物，顷刻之间猎物便落入腹中。近距离观察蜻蜓的“面罩”，会让人感到不寒而栗。不是所有的突袭都有收获，但蜻蜓幼虫一旦出击，猎物便无路可逃。

水下动物的生存智慧和狩猎技巧让人叹为观止。比如潜水钟蜘蛛（*Argyroneta aquatica*），它从陆地迁移到了水里。潜水钟蜘蛛不会吸水中的溶解氧，而是利用腹部上的防水绒毛捕捉气泡。必要之时，它会把腹部露出来补充空气，并将空气带到水下。潜水钟蜘蛛依靠书肺和外骨骼上的小孔呼吸，所以它只需要用一层薄薄的气罩包裹住身体，就可以自由地呼吸、游泳和捕猎了。在水草间，潜水钟蜘蛛会建造一个小型的钟形巢穴，并在下方放置一个气泡，从中获得氧气补给。很奇怪的一点是，雄性潜水

钟蜘蛛比雌性潜水钟蜘蛛的体型更大，这种现象极为罕见，称得上绝无仅有，或许是因为雌性潜水钟蜘蛛更喜欢埋伏在洞穴，而雄性潜水钟蜘蛛则忙于筑巢、狩猎，需要耗费更多的能量。潜水钟蜘蛛以小鱼、甲壳类和水生昆虫幼虫为食。

相比陆地，有些动物更喜欢在池塘栖息，它们进化出了替代性的呼吸器官。灰蠍蝽（*Nepa cinerea*）和修螳蝽（*Ranatra linearis*）属于异翅亚目，两者都进化出前腿和相似的呼吸管。和薄翅螳螂一样，它们的双腿无比迅猛，适于伏击捕猎。灰蠍蝽和水螳螂的腹部末端有长长的呼吸管，当它们倒立的时候，就会吸入空气并将其直接送入气管。

绒盾大仰蝽（*Notonecta glauca*）的背上有一层薄薄的气膜，上面覆盖着浅色绒毛，绒毛会随着它们的需求而更新。绒盾大仰蝽的

左图：两只雄性天蓝细蟌（*Coenagrion puella*）在莎草上休息。摄于英国康沃尔郡布鲁克斯沃特。

上图：一只潜水钟蜘蛛（*Argyroneta aquatica*）在水草间建造了一个“潜水钟”，并在里面休息。摄于德国萨克森州库克斯港。

上图：一只雄性龙虱（*Dytiscus marginalis*），它的鞘翅下有一个典型的贮气囊。摄于欧洲。

右图：在茂密的枝叶间，湿地苇莺（*Acrocephalus palustris*）站在枝头歌唱。

背部呈船底状，在游泳的时候习惯腹部朝上，用后腿当船桨，逆水前进。与蠍蝽科一样，绒盾大仰蝽的腿部迅猛有力，可捕捉其他节肢动物。它们还是优秀的蚊虫猎手，在某些地区，人们会利用绒盾大仰蝽来抑制蚊子的过度繁殖。

龙虱（*Dytiscus marginalis*）和所有的鞘翅目物种都已学会如何在水里生活。成年龙虱从大气中获得氧气，它们厚厚的鞘翅下藏着一个贮气囊，与气管的呼吸孔相连，所以它们鲜少回到地面吸氧。龙虱的特殊之处在于它坚硬的鳞片下还有一对翅膀。夜间，它们从一个池塘飞到另一个池塘，即使生存环境并不稳定，它们也可以在池塘安然地栖息。龙虱的后腿矫健，善游泳，它们不仅是优秀的游泳健将，还是骁勇的捕虫猎手，以昆虫、蝌蚪和小鱼为食。龙虱是肉食动物，由于体型较大（幼年龙虱可达6厘

记事本

芦苇地的歌者

如果我们在繁殖季去到平原湿地，期待在那儿看到雀形目鸟类，或许会失望而归。像芦苇莺（*Acrocephalus scirpaceus*）和湿地苇莺（*Acrocephalus palustris*）这样的莺科鸟类极难被发现，不过，它们清脆的歌声却格外引人注目。芦苇、莎草和低矮的柳树丛在水面上形成了一片过渡区域，芦苇莺在此处瓜分领地、搭巢筑穴。水蒲苇莺（*Acrocephalus schoenobaenus*）、鸲蝗莺（*Locustella luscinoides*）和大苇莺（*Acrocephalus arundinaceus*）站在芦苇上或茂密的水草上竭力地歌唱，捍卫着自己的领地。小鸟们在低矮的水生植物间择邻而居，水蒲苇莺喜欢地面和临水处，鸲蝗莺则偏爱低矮的柳树丛。为了保护鸟蛋免遭强风侵袭，有些鸟还会在芦苇边上搭巢。芦苇莺青睐干燥的地带，湿地苇莺和大苇莺则与之相反，它们喜欢被水淹没的潮湿地带。各种鸟在芦苇地各得其所——当规则界定清楚，共存便没那么困难。

米，成年龙虱可达35厘米），它们还会捕捉大型的猎物。

说到猎物，我们不得不提及死水区内大量的腹足类软体动物。扁蜷属的外壳扁平，而椎实螺属的外壳则又细又长。和陆生腹足软体动物一样，水生腹足软体动物也是草食动物，它们进食的时候，会用口腔器官——“齿舌”来刮蹭微藻的表面。腹足类软体动物处于食物链的底端，它们从一出生就沦为各种水生昆虫的猎物，成年之后也被流连于沼泽地的鸟群所觊觎。它们的一生，危险重重。

泥炭沼泽和源泉

在温度低且水源丰沛的地方会形成泥炭沼泽，这是一种特殊的生态系统。在泥炭沼泽中，泥炭藓、莎草等大量水生植物会在枯萎后会沉入水底，形成有机沉积物。水里枯萎的水生植物无法与空气中的氧气接触，不能像生长在草地、森林中的植物那样被分解。地面的泥炭藓不停生长，而水下有机物也持续累积，导致水体酸化，形成所谓的“泥炭”。泥炭沼泽揭示了动物、真菌和水生植物之间的独特关联，打造出独特的生物多样性。地表水渗透到下部地层，流经裂缝和地下间隙，这场地下之旅或漫长、或短暂，旅程结束后水源便会涌至地表，形成泉水。不同于富含植物丹宁的泥炭沼泽，只要没有流经含铁矿的地段，泉水都会无比清澈。在清冽的泉水里还栖息着真鱥（*Phoxinus phoxinu*）或与之类似的物种。

左图：在阿尔伯斯山脉马萨纳河的水草间，一群真鲹（*Phoxinus phoxinu*）正在嬉戏。摄于法国和西班牙的边境区域。

苔藓、地衣和食虫植物

泥炭沼泽就像一个幻境。让我们化身小矮人，穿过漂浮物，寻觅一处小憩之地来躲避敌人。在那里，能找到雪白的花绒、多汁的果实和致命的陷阱。

从考古的角度来看，泥炭沼泽是一个充满魅力的世界。那里有诸如意大利皮埃蒙特大区的戈拉塞卡的史前木桩建筑，还有保持完好的木乃伊——譬如丹麦的图伦男子（公元前400年）。不仅如此，在泥炭沼泽中还栖息着一些神奇物种。

泥炭藓是最引人注目的植物之一。这是一种特殊的苔藓，死亡的细胞会将其底部包裹住（不同于高等植物，苔藓没有根、茎和叶）。泥炭藓是空心的，其内部相通，毛孔与外界相联系，细密的毛细管可吸收水分，即使在高原地区也能保持高湿润度。杜鹃花科呈矮小的灌木状和蔓生形态，它包含的品种相当丰富，比如帚石南（*Calluna vulgaris*）、杜鹃花属

（*Rhododendro*）和各种越橘品种。有些越橘品种较为常见，比如黑果越橘（*Vaccinium myrtillus*）和红豆越橘（*Vaccinium vitisi-daea*）。还有些是生活在局部地区的罕见品种，比如毛蒿豆（*Vac-cinium microcarpum*）和红莓苔子（*Vaccinium oxycoccos*）。夏季，无论是在北极苔原还是在高山上，都能看见宽叶羊胡子草（*Eirophorum latifolium*）的白色种子在风中飘扬。由于环境潮湿，在泥炭沼泽的外缘地带，生活着数不胜数的真菌和地衣。地衣学家特雷弗·戈瓦德称真菌造就了农业。地衣是藻类与真菌的共生体，藻类通过光合作用为真菌提供养分，而真菌可以吸收水分，避免藻类过于干燥。

不过，最能激发人类探索欲的还是食虫植物。众所周知，植物可以通过光合作用独立地“生成”有机物质。但这片栖息地里的水呈酸性，缺乏氮和氧，植物需要依靠其他生物才能获得氮和氧。

捕虫堇（*Pinguicula vulgaris*）的长度可达3～16厘米。在六月，它那淡紫色的漏斗形花朵更加显眼，但若是没有敏锐的观察力，是很难发现捕虫堇的。捕虫堇（Pin-guicula）之名源于其饱满的花苞（在拉丁语里pinguis意为“肥硕的”）。它的种荚呈椭圆形或长方形，表面上覆盖有腺毛，会分泌出黏稠、透明的液体，以此来诱捕小昆虫，得手后再用消化酶将昆虫分解掉。通过捕食昆虫，捕虫堇获得了它需要的硝酸盐和磷酸盐。食虫植物几乎遍布欧洲，属多年生植物，适应严寒气候，在越冬的时候会绽放出耐寒的胞芽。

圆叶茅膏菜（*Drosera rotundi-folia*）和它的同类一样，叶缘上覆盖着腺毛，呈现出鲜艳的紫色，吸引着昆虫前来。圆叶茅膏菜的腺毛上满是黏液，小昆虫一落入陷阱，它的腺毛就会随之卷起，直到含有胰蛋白酶之类的消化液将倒霉的猎物吃干抹尽。在整个北半球，圆叶茅膏菜都分布广泛，但随着时间的推移，它们在意大利已经变成了罕见的植物。由于圆叶茅膏菜有抗菌作用，人们还采摘它的叶子用于制作药剂，以此治疗支气管炎、哮喘和咳嗽。

狸藻（*Utricularia vulgaris*）又名“闸草”。相较于前文提到的食虫植物，狸藻并没有真正的根，它在水面漂浮生长，底部没有固定的根基。狸藻的茎长达两米，枝叶上有半透明的捕虫囊，可以猎捕小型水生生物。当猎物触碰到狸藻的刚毛时，捕虫囊就会膨胀，将猎物连同水一起吸入囊中。它的捕猎速度极快，只需千分之十五秒。乍一看，狸藻并不像食虫植物，可它的捕食效率却相当高，甚至不需要根的辅助。狸藻的花朵是黄色的，看起来就像金鱼草一样，它可以自花授粉，因此繁殖速度非常快。

记事本

雪下的毛毛虫

对于水生动物或者在河岸栖息的昆虫来说，高原的泥炭沼泽是一个重要的生物宝库。这里夏季短暂，水呈酸性，缺乏营养物质，多种因素共同塑造了栖息在此地的物种。这里的生物种类并不丰富，它们都颇为罕见且极其特殊，被称为“冰川遗孤”。在末次冰期，冰川消融，呈碎片式分布，致使这里的生物互相隔绝。有些蝴蝶已经适应了极端环境，它们仅在潮湿的植物边缘区域产卵，而它们的毛毛虫将以这些植物为食。黄黑相间的黑缘豆粉蝶喜欢在笃斯越橘（*Vaccinium uliginosum*）上产卵，它们的毛毛虫隐匿于浓密的灌木丛中。冰川堇蛱蝶则喜欢在无茎龙胆上产卵，它们的毛毛虫会搭建一个小巢，在巢内过着群居生活，直至次年春天才会羽化成蝶。福布绢蝶汲取红景天和虎耳草中的精华，它们的毛毛虫呈黑色。黑色的外表有利于毛毛虫充分吸收太阳在高海拔地区（2000～2700米）释放的少许热量。上文提到的所有蝴蝶，它们产下的卵或者毛毛虫都能在几米厚的雪地下过冬，雪就像一个保温层，让内部的温度保持在零度以上。如今，气候变暖致使冰雪提前融化，地面易结冰，这些神奇的生命的生存也因此受到了威胁。

第172~173页图：这是一幅夏末图景，荒原里的灌木丛和草丛繁花似锦。欧石南（*Erica tetrali*）和帚石南（*Calluna vulgaris*）的花朵都是粉红色的，枞枝欧石南的花朵颜色更深，呈紫红色。图中还有一小片黑果越橘和圆叶桦灌木丛。摄于英国苏格兰凯恩戈姆斯国家公园。

左上图：一张红莓苔子（*Vaccinium oxycoccos*）和黑果越橘（*Vaccinium myrtillus*）叶片、果实和花朵的特写。摄于英国什罗普郡斯蒂珀斯通国家自然保护区。

左下图：狸藻（*Utricularia vulgaris*）的黄色花朵擅于捕食昆虫，它们甚至都不需要根。

上图：一只在虎耳草上小憩的雄性福布绢蝶（*Parnassius phoebus*）。这种鳞翅目动物仅分布于阿尔卑斯山。摄于瑞士。

青蛙王子与蝾螈之舞

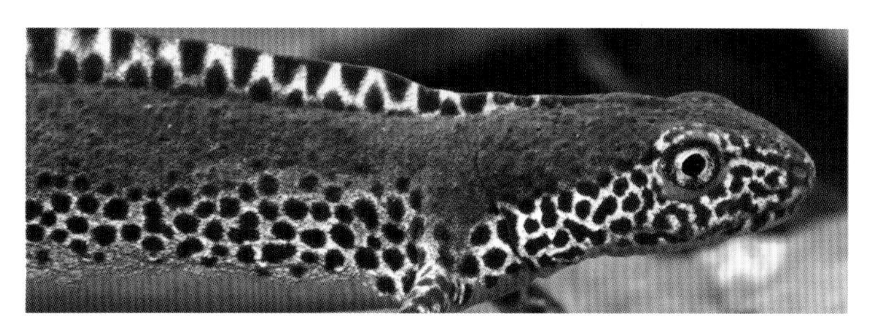

暮春时节，河岸边歌声回荡，舞者们身着鲜艳的服饰，潜藏在水下，青蛙王子们用尽浑身解数来捕获异性的芳心。

青蛙王子率先从冬眠中苏醒。雨后，它们便会离开庇护所去寻找合适的水域，在那里放声歌唱或者来一场“换装秀”。

有些雄蛙更喜欢舒适的地盘，即使要走很长一段路，而且背上还驮着雌蛙，它们也会选择一路前行。有些雄蛙则青睐极寒的水域，因为那里的天敌和竞争者都很少。不过，它们的当务之急是让后代生存下来并在冬天来临之前完成变形。青蛙会根据地理方位和水流缓急程度来选择便于蝌蚪变形的最佳位置。有时候，青蛙由于经验不足，选择了错误的产卵地，就会引发一系列的问题。比如，当水位下

第176~177页图：林蛙生活在寒冷的区域，是唯一一类栖息在斯堪的纳维亚半岛上的青蛙，甚至在挪威北角也有分布。意大利境内的林蛙都分布在山区。该图摄于水中。

上图：林蛙在欧洲境内分布广泛，在许多欧洲国家，林蛙都被视作“寻常的青蛙”。图片展示了典型的蛙泳姿势。摄于英国北爱尔兰。

右图：在冬末的波河平原，鱼眼镜头捕捉到一只拉塔斯特蛙（*Rana latastei*）。相较于林蛙，拉塔斯特蛙的活动范围更小，其处境也更危险。

降时，毗邻河岸的卵就会面临干化的风险，河中央的卵也难以保温；而若是水面结冰，临近水面的卵则会被冻住。

红青蛙和绿青蛙

在我们的意识之中，青蛙应该是绿色的。实际上，所谓的“绿青蛙”除了在背部有一条绿褐色的线条，大部分的皮肤都是淡褐色的，而“红青蛙”则通体呈红褐色。

欧洲境内有不计其数的青蛙，大致可将其分为两类。常常出现在童话故事里，栖息在池塘、芦苇丛和溪边的青蛙便属于绿青蛙这一类。尽管青蛙种类繁多且体型各异，但毋庸置疑，绿青蛙是最聒噪的。雄性绿青蛙的口角两侧有声囊，经过膨胀、放气，声囊可以产生共鸣，发出响亮的呱呱声，在仲夏之夜上演音乐会。在泉边踱步，还有可能听到它们潜水时发出的扑通声。在晚春时节或夏季，绿青蛙会在水温稍低的区域捕食或是驻扎在植物掩盖的阴凉处。在繁殖期间，它们则更喜欢待在水温稍高的区域。

所谓的红青蛙，实际上是红铜色的。上一个秋天的树叶落在地上，慢慢地腐烂，形成腐殖质，红青蛙则完美地隐匿其中。红青蛙仅在产卵期会在水里栖息，结束后便会回到让它们更有安全感的地方。在红青蛙中，林蛙抵达的地盘最遥远。它是唯一一种遍布斯堪的纳维亚半岛的两栖动物，远至挪威北角，甚至在西伯利亚地区也有它的踪迹。在意大利境内以及欧洲南部，林蛙广泛分布于海拔300米以

上的地区，最远可抵达高海拔地区的草原和泥炭沼泽。在将近0℃的地方，林蛙也能保持活跃。当积雪开始融化，空气温度高于2~4℃时（大概从二月持续到六月），红青蛙便宣告冬眠结束，进入繁殖期，它们有时还会在未完全解冻的水域产卵。林蛙通常在浅水区产卵，每次会产下600~3400枚卵。卵子紧紧依偎在一起，凝聚成团，卵团的温度甚至比外界的温度高10℃以上！在十月，最晚不会超过十一月，林蛙幼蛙也会进入冬眠期。

拉塔斯特蛙栖息在泉水和平原的地下水区域。拉塔斯特蛙的体型娇小，性格孤僻。它在意大利北部地区的分布范围小于2000平方千米，其栖息地严重分散。拉塔斯特蛙的数量持续减少，已被国际自然保护联盟列入红色名录，是易危物种。此外，外来螯虾也对拉塔斯特蛙的生存造成了巨大威胁。在意大利拉塔斯特蛙是稀有物种，仅仅栖息在平原地区、波河旁的丘陵地区和提契诺州的小部分区域。二月，水温在7℃左右的时候，拉塔斯特蛙便会率先进入产卵季。它的卵块呈团状，网球般大，里面大约有700~2700枚受精卵。通常，拉塔斯特蛙会将卵团安置在水底的树枝处，使其充分接受光照。近年来，人们采取了各项措施来保护拉塔斯特蛙。

蟾蜍

在欧洲境内存在多少种蟾蜍呢？答案是许多种，而且每种都有其特殊性。有些蟾蜍的外表易隐藏，有些则色彩斑斓引人注目；有些蟾蜍体型较大，有些则个头小巧；有些蟾蜍临水而居，有些则离水而居。有时候，仅仅为了躲避几秒钟，蟾蜍也会挖一处洞穴藏身。有些雄性蟾蜍为了保护卵，甚至会将卵握在爪里。

大蟾蜍（*Bufo bufo*）和多彩铃蟾（*Bombina variegata*）已适应了山区的水域。大蟾蜍与林蛙栖息在同一片区域，在一簇簇大蟾蜍蝌蚪中常看到一些体型稍大的红色林蛙蝌蚪混迹其中。雄性大蟾蜍体长仅10厘米，雌性大蟾蜍的体长却可达到20厘米。雌性大蟾蜍排出长达三四米的长线状卵团，大约包含4000~6000枚卵（甚至数以万计），蟾蜍卵在水草间游走。不同于典型的无尾类动物，大蟾蜍蝌蚪是杂食性动物，而不是草食动物。成群的蝌蚪黑压压的一片，聚集在浅水区晒太阳，以此调节体温。大蟾蜍蝌蚪含有蟾毒色胺，在受到威胁时，它们的皮肤腺体会释放出毒液，鱼群都对它们敬而远之，这便是为何林蛙蝌蚪会混迹在它们的队伍中。

近年来，虽然持续受到人类的过度干扰，大蟾蜍的分布范围依旧广泛，除了爱尔兰、撒丁岛、科西嘉岛、马耳他、克里特岛和巴利阿里群岛以外，到处都能看到它们的踪迹。

多彩铃蟾也栖息在山地牧场的水潭里，但它更喜欢在蓄积泉水的小水池生活，那里的水底岩石遍布，没有浓密的水草。眼神不敏锐的人很难发现多彩铃蟾，因为它的背部呈灰褐色，与水底岩石的色彩相似，不过它的腹部却是明亮的黄黑色。

通常，多彩铃蟾的眼睛呈心形。从四月至十月，多彩铃蟾都相当活跃。多彩铃蟾的繁殖期随雨季而来，一年内有多个繁殖期。一只雌性多彩铃蟾在一年中可产多达200枚卵，其产卵过程甚至可分为4次！

左图：三只处于繁殖期的雄性大蟾蜍（*Bufo bufo*），在水里的芦苇间等待雌性蟾蜍的到来。居中蟾蜍的腿间，还可以看到一串刚排出不久的蟾蜍卵。

上图：多彩铃蟾（*Bombina variegata*）的腹部橙黄色与黑色相间，当它感觉到危险时，便会头朝后仰，将腿“折叠”起来放在背上，露出格外醒目的斑纹，以此来警告天敌。

记事本

反射状态

有些两栖动物，比如多彩铃蟾和大冠蝾螈（*Triturus cristatus*），具有鲜艳的外表，其亮眼的色彩被称为警戒色 。从水底往上看，便会注意到它们的存在。它们潜在的天敌是陆生动物，当它们感觉到危险来临，就会摆出一种特殊的姿势，俗称“反射”。危险来临时，大冠蝾螈会将头向后仰，尾巴往前伸，直到头部和尾巴碰到一起，露出自己的腹部。而多彩铃蟾则会头朝后仰，将腿“折叠”起来放在背上，露出它黄黑色的斑点。如果这种警告无济于事，它们的皮肤就会分泌液体，释放出一种高浓度的泡沫状物质，刺激敌人的口腔和眼睛。

雄性多彩铃蟾具有极强的领地意识。虽然没有声囊，但它们可以发出奇特的声音让水面震动起来，以此来宣告主权，它们的绰号“铃蟾”便来源于此。多彩铃蟾的蝌蚪只需要40天就能完成蜕变。

多彩铃蟾广泛分布于中欧的绝大部分地区和巴尔干半岛。意大利境内也有多彩铃蟾，不过其分布具有明显的地域性，仅仅分布于伦巴第大区(主要在贝加莫)、特伦蒂诺—阿迪杰大区、弗留利—威尼斯朱利亚大区和威尼托大区。

蝾螈

有尾目——即外形与蜥蜴相似的两栖动物，它们不同的体色具备不同的功能。黑色有利于吸热，保持体温；醒目的体色可释放警告信号，也用于交配。

经过进化，阿尔卑斯蝾螈（*Salamandra atra*）、意大利真螈（*Salamandra lanzai*）和火蝾螈（*Salamandra salamndra*）已经能够在寒冷的环境中生存。蝾螈是卵胎生动物，它们不产卵，而是直接诞下成形的幼体。交配期间，雄性蝾螈会排出一个精荚——内含有精液的囊。经过漫长的求爱，精荚会附着在雌性的泄殖腔上。火蝾螈生活在低海拔地区，外表是典型的黄黑警戒色，它们在水中产下带鳃的

左图：在欧洲境内，火蝾螈有不同的亚种。左图是*Salamandra salamandra terrestris*（无中文译名）。传说中蝾螈可以穿过火焰，法国国王弗朗索瓦一世曾将蝾螈作为徽章的图案。摄于法国。

上图：一只雄性高山欧螈（*lchthyosaura alpestris alpestris*）正在展示自己在水生阶段和繁殖期间的华丽外表。

幼体，之后幼体会发生变形，重塑呼吸系统。阿尔卑斯蝾螈和意大利真螈，其外表呈黑色或黑褐色，更容易提升体温。经过长达两三年的妊娠期，它们会产下一至两条已经完全形变的幼年蝾螈。蝾螈的繁殖离不开水源，它们仅在极度潮湿的地方栖息，甚至还会利用岩石缝隙间的水源。它们仅在夜间或者雨季出来活动。

蝾螈在水里完成交配。为了征服雌性，不同种类的雄性蝾螈运用其背脊和尾脊的冠发明出一套优雅的求爱之舞，以此来吸引雌性蝾螈。

高山欧螈（*lchthyosaura alpestris alpestris*）的下脊背上有一个黑黄色的脊棱，在交配的时候，它的颜色显得格外的醒目。从腹部到喉咙，它的皮肤从橙黄色变成橙红色，两侧则从银灰色过渡到天蓝色，直至深蓝色。在它的头部和两侧点缀着大理石花纹或黑色的斑点，有时它的喉部也是如此。

谈到最具水生特征的蝾螈，它们即使已经性成熟，也依然保留着幼体的生理特征，譬如鳃。即使在冬眠期间，蝾螈也不会离水而居，生活在波河平原地下水区域的意大利滑螈（*Lissotrion italicus*）就是如此。

蝾螈普遍都很贪吃，它们以软体动物、环节动物、昆虫和其他无脊椎动物为食，还会食用两栖动物的卵和幼虫。在过度拥挤的地方，它们甚至还会吞食同类。

高山欧螈广泛分布于欧洲，特别是中欧地区，从乌克兰到西班牙北部，从丹麦到意大利和希腊，都有它的踪迹。由于分布广泛，高山欧螈并未被列为濒危动物。但是，有些蝾螈爱好者为满足自身的爱好，捕捉高山欧螈，将其养殖在家，再加上外来鱼类和甲壳纲动物的引进，这些都导致蝾螈的数量日益减少，逐渐呈碎片化分布。

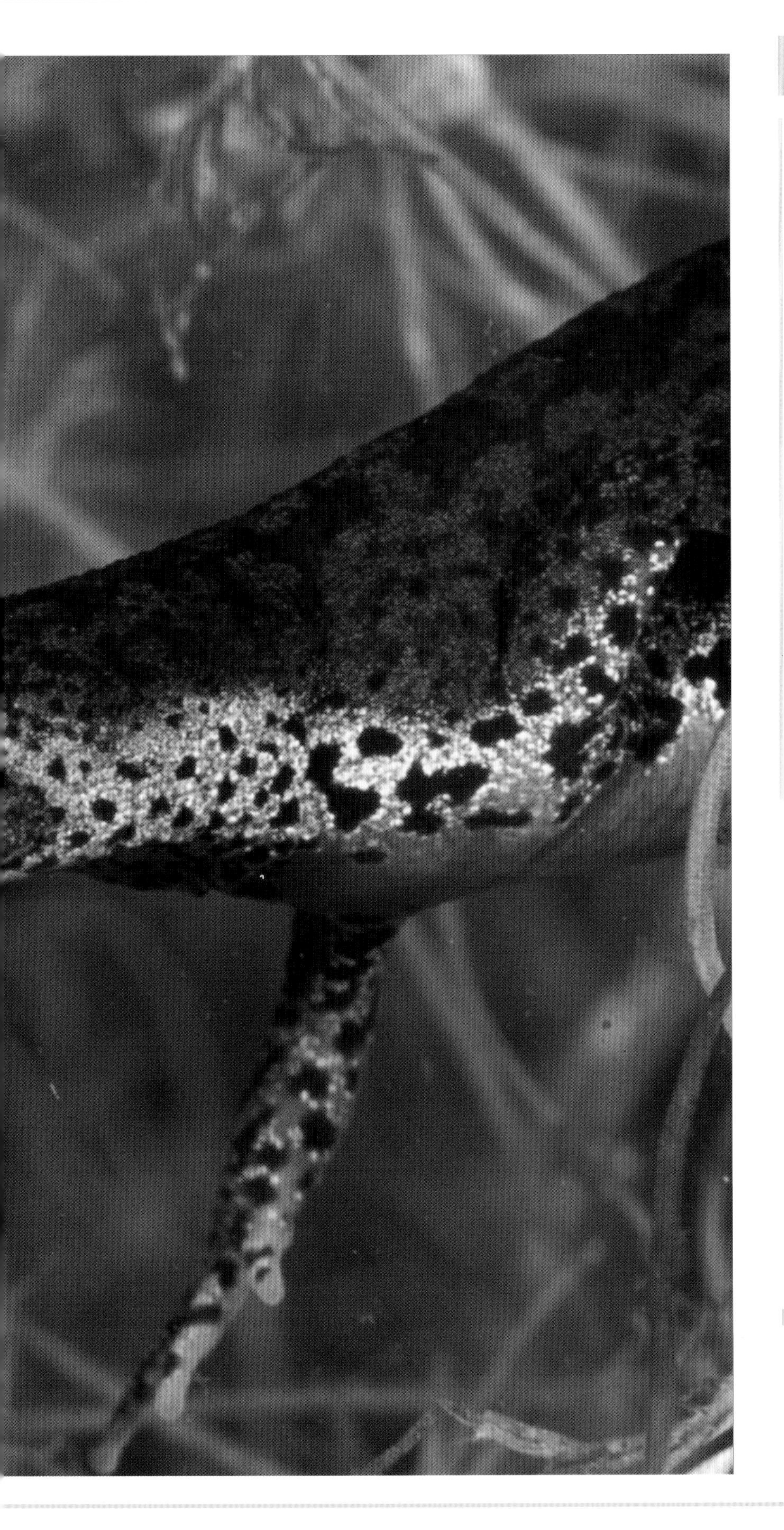

聚焦 求爱之舞

在繁殖期间，雄性高山欧螈会用有气味的物质在领地做标记。为了俘获雌性的芳心，雄性高山欧螈会展示自己的侧身，并朝着雌性的方向挥舞尾巴，用荷尔蒙来吸引对方。如果雌性欣然接受，就会抬起自己的尾巴。此时，雄性高山欧螈摇摆的尾巴就像养蛇人迷幻的笛声，带领着雌性前行，将其带到自己排精荚的地方。雌性将精荚吸入体内后，就会开始受精，它们是体内受精。雌性高山欧螈每季都会产下多达250枚卵，这也意味着它会多次受精。雌性高山欧螈通常只跟同一只雄性进行交配。高山欧螈每次仅产一枚卵，它们会将卵固定在一片叶子的末端，然后将叶子严丝合缝地折叠起来，将卵包裹住。大约在10天后，高山欧螈幼体便能自由生活，它们主要以微型甲壳动物为食，譬如水蚤和幼虫。

左图：意大利境内有两类蝾螈亚种——高山欧螈（*Ichthyosaura alpestris alpestris*）和高山蝾螈（*Ichthyosaura alpestris apuana*）。左边这只背部有脊棱的雄性高山欧螈正在向一只雌性求爱，不久后，这只雌性高山欧螈便会被求爱之舞所吸引。摄于意大利。

划水，多欢乐！

泥炭湿地是重要的资源宝库，候鸟可以在这里休息和觅食，养精蓄锐。尽管这些候鸟属于不同的属种，其饮食习惯也不尽相同，但它们都有一个共同点——脚掌上有脚蹼，适于划水和游泳。

天鹅

天鹅的外表优雅，脖颈纤长，羽翼洁白，站在水中风姿卓绝，颇具贵族气质。欧洲境内有三种天鹅：最喧闹的是大天鹅（*Cygnus cygnus*）；最常见的是疣鼻天鹅（*Cygnus olor*）；体型最小的则是小天鹅（*Cygnus columbianus*）。通过辨别喙的形状和颜色，就能区别这三种天鹅。疣鼻天鹅的喙是橙色的；大天鹅的喙是黄色的，又长又尖；小天鹅的喙基部为黄色且最为短小。天鹅以沼泽植物为食，修长的脖子和扁平的锯齿喙相得益彰。当天鹅被水底的水生植物所吸引，它的身体就会默契配合，将尾巴朝上，把脖颈伸长，到水下一探究竟，其脖颈可伸长至80厘米。天

第186～187页图：疣鼻天鹅（*Cygnus olor*）用扁平的锯齿喙掘食，享用池底的水藻午餐。摄于法国勃艮第。

最上图：一只在巢里孵蛋的大天鹅（*Cygnus cygnus*），它的巢被水包围。摄于冰岛湖。

上图：一只在水面上飞奔的鸳鸯（*Aix galericulata*）。摄于英国伦敦西南部。

右图：一群列队飞过英国格洛斯特郡森林上方的灰雁（*Anser anser*）。摄于英国。

鹅尾部的尾脂腺会分泌油脂，它会用喙将油脂涂抹在羽毛上，以此达到防水的目的。和天鹅一样，鹅和鸭子的羽毛都有防水性，所以它们不会弄得浑身湿漉漉的，在危险来临时也可以逃之夭夭。不过，这也让它们难以潜入水里，甚至不可能潜下去。在陆地行走时，天鹅显得格外笨拙，优雅的风姿大打折扣。天鹅的下肢又短又粗，宽大的蹼膜将其脚趾连接起来，这便是它们能在水里行动自如的秘诀。

天鹅是领域性极强的动物，通

常有固定的终身伴侣。在孵化期接近天鹅巢，尤其是接近疣鼻天鹅的巢是相当危险的举动，它猛烈的扑翼时甚至可以折断成年雄性天鹅的胫骨！

大天鹅喜欢在斯堪的纳维亚半岛（尤其是芬兰）筑巢，到北海、里海、黑海和亚得里亚海东部一带过冬。

疣鼻天鹅的翼展可达240厘米。相较于其他物种，疣鼻天鹅鲜少发出声音，所以也被称为“哑巴天鹅”。疣鼻天鹅是候鸟，有时候，上百只疣鼻天鹅都会栖息在一处。最大的疣鼻天鹅群栖息在英国，德国和波兰也有一些疣鼻天鹅群。在野外，疣鼻天鹅喜欢去人烟稀少的湖泊或沼泽地。

小天鹅亦被称为“苔原天鹅”。欧洲境内的小天鹅会在俄罗斯求偶配对，再前往英国、丹麦和荷兰过冬。

鹅和鸭

鹅和鸭都有宽大的脚蹼。康拉德·劳伦兹的生态学研究让灰雁（*Anaer anser*）为世人所熟知，灰雁常常以经典的V字形队列进行迁徙。在繁殖期，灰雁喜欢在芦苇地、潟湖或泥炭沼泽中筑巢。它们广泛分布于冰岛、斯堪的纳维亚半岛、英国、欧洲中部和俄罗斯。在秋天，灰雁会聚集在一起向南方迁徙，直至亚得里亚海上游和马雷马地区。红胸黑雁（*Branta ruficollis*）的体型娇小，它的喙也短小得多。红胸黑雁会在欧洲北极地区进行繁殖，在东南欧过冬。

鸭科包含许多品种。除了随

上图：回巢孵蛋之前，小䴙䴘（*Tachybaptus ruficollis*）先检查一番。它在池塘水面上搭建了一个巢，并将其固定在树枝上。摄于葡萄牙阿连特茹地区卡斯特罗佛得角，格雷洛。

右图：雄性冠䴙䴘（*Podiceps cirstatus*）把幼雏驮在背上，以便保护它们。冠䴙䴘幼雏在烈日下大快朵颐。摄于英国卡迪夫。

处可见的绿头鸭，还包括红头潜鸭（*Aythya ferina*）、绿翅鸭（*Anas crecca*）、白眉鸭（*Anas querquedula*）、琵嘴鸭（*Anas clypeata*）和白眼潜鸭（*Aythya nyroca*）。

䴙䴘

䴙䴘类的水禽已进化出瓣状脚掌，脚蹼将脚趾连接起来。显而易见，相比用脚蹼游泳的水禽，䴙䴘的瓣状脚掌更加便捷。

冠䴙䴘（*Podiceps cirstatus*）的体型最大，其翼展可达73厘米，它们头上有标志性的棕黑色绒毛。有些冠䴙䴘会留居一地，有些冠䴙䴘则会迁往他方。冠䴙䴘潜入水中捕食，几乎仅以鱼类为食，偶尔为了果腹，它们也会食用两栖动物或水生昆虫。如果亲眼目睹冠䴙䴘消失在湖面，一会儿又从其他地方冒出头来的画面，一定会感到不可思议。

小䴙䴘（*tachybaptus ruficollis*）的体型小巧，好似一个羽毛球，它的喙十分短小，翼展最多有45厘米。小䴙䴘以甲壳类动物、软体动物、小鱼和水生植物为食。南欧和西欧的小䴙䴘都是留居动物，而中欧和东欧的小䴙䴘则会迁徙到地中海流域过冬。小䴙䴘父母会照顾后代，虽然它们是早成鸟，新出生的幼雏立即就能学会游泳，不过它们依然很享受趴在父母背上的美妙时光。

3 / 亚马孙河

魅力无限的亚马孙河

毋庸置疑，亚马孙河是南美洲最著名的河流，为世界第二长河，仅次于尼罗河。亚马孙河蜿蜒流经9个国家和地区：玻利维亚、巴西、厄瓜多尔、哥伦比亚、圭亚那、法属圭亚那、秘鲁、苏里南和委内瑞拉。准确地说，这些国家和地区都是亚马孙河流域的一部分，其中，一些被其干流穿过，另一些则仅被其支流穿过。 亚马孙河的总流量位居世界第一，约占地球淡水流量的20%。亚马孙河的总长度至今仍然备受争议：据估计，目前河流长度约为6400千米，几乎等同于纽约和罗马两座城市之间的距离！倘若将海拔最高的源头也包括在内，亚马孙河全长约达7100千米，为世界第一长河。

亚马孙河的发源地是秘鲁的安第斯山脉，最高源头在海拔5170米。在河道的尽头，河水注入大西洋，形成了世界上最大的河口，其平均宽度为200千米，在雨季可达300千米。

在洪水期，亚马孙河两岸间距宽达50千米。正因为河流如此之宽，使得人们无法在河上架设桥梁。亚马孙河的众多支流汇聚成了世界上最大的流域，流域面积约占705万平方千米。约有1000多条河流流入亚马孙河，其中长逾1500千米的河流有17条之多，几乎是意大利的波河的两倍！在巴西的奥比多斯流域，河流深度最深可达90米。

马图帕斯浮岛

在亚马孙河中分布着许多浮岛，名为“马图帕斯”（Matu-pas）。这些浮岛由腐烂的水生和半水生植物与洪水携带的浮木汇聚而成。随着河道碎片的捕集，新植被生长的理想基质得以形成。

这些浮岛的长度可达数百米，面积从几平方米到数千平方米不等，最大厚度约为3米，是一种可容纳农作物或野生动物群的独特微生境。

波落落卡

在每年二、三月的新月和满月期间，亚马孙河河口掀起一拨拨海潮，这就是著名的“波落落卡”（Pororoca）。在图皮语（一种古老的土著语系）中，该词源于poroc-poroc，其含义为“具有破坏性的轰鸣噪音”，意指一种5米高的波浪。这拨巨浪以大西洋为

一项新发现

2011年，巴西国家观测站宣布在亚马孙河的下方发现了一条地下河，其深度达4000米。这条新发现的河流名为“韩萨河”，因该项研究的领导者而得名。据计算，该河的流量为每秒3000立方米（相当于尼罗河的流量），但其年流速仅为100米！专家迅速找到了地底河水流速缓慢的原因：在地底下没有让水流直接通过的岩石隧道，水流只能一点一点渗入多孔岩石层，缓缓向外流动，直到注入亚马孙河口之外的大西洋。

起点，以65千米/时的速度沿河而上，总行程可达650千米，是全世界冲浪爱好者关注的焦点。

历史背景

1499年，意大利佛罗伦萨探险家亚美利哥·韦斯普奇在亚马孙河展开首次航行。1500年，西班牙征服者、探险家，同时也是克里斯托弗·哥伦布著名的“尼娜”号快帆船船长的文森特·亚涅斯·平松将这条河流命名为“圣玛丽亚淡水河”。1541年至1542年间，弗朗西斯科·德·奥雷利亚纳成为第一个完成亚马孙河全河段航行的欧洲人，航程以河流的源头为起点，以此前韦斯普奇发现的河口为终点。

1971年，《国家地理》团队在秘鲁进行的一次考察中发现了一个海拔较高的源头，这一源头与阿普里马克河相吻合。因此，目前人们公认，亚马孙河有三个源头：提供最大水流的正源马拉尼翁河，最远的源头曼塔罗河，以及全年不间断供水的阿普里马克河。

亚马孙河因西班牙探险家奥雷利亚纳而得名。彼时，已从弗朗西斯科·皮萨罗探索埃尔多拉多的远征队伍中分离出来的奥雷利亚纳，遇到了一条未知的河流，并带领手

下一同在这条线路上展开航行。奥雷利亚纳一行沿着这条河道一直前进，进入了一条被当地人称为“马拉尼翁”的河流，而这条河流又流向了一条更大的河流。传说，在宽阔的河岸上，奥雷利亚纳与以一群

第192~193页图：一群红绿金刚鹦鹉正在啄食黏土，这有助于吸收它们吞下的许多植物中包含的有毒物质。

第194页图：巨型睡莲——亚马孙王莲（*Victoria amazonica*），摄于巴西马托格罗索州库亚巴河外的若夫里港潟湖中。

上图：南美洲雨林水道众多，图中的水道中生长着茂密的植被。

上图：在亚马孙河一条支流中航行的典型淘金船。

右图：苏里南角蛙（*Ceratophrys cornuta*），一种南美地区的大型角蛙，善于钻入地下进行伪装，等待猎物，伺机而动。

女人为首的部落展开了交锋。后来，奥雷利亚纳借用古代勇猛女战士的名字将其发现更名为“亚马孙河”，向这群英勇剽悍的女战士致敬。

环境问题

沿亚马孙河两岸并围绕其支流河网生长的热带雨林是世界上最大的雨林，它构成了地球的绿肺。不仅如此，热带雨林还是一个独特的生物多样性宝库，囊括了10%的已知生物物种。自20世纪40年代以来，人类开始对其资源展开密集的开发，迄今为止已造成约原始范围五分之一的缩减。与亚马孙有关的环境问题可归纳为三大类：过度采矿造成的水污染、巨型水坝的建设和河岸的森林砍伐。

过度的森林砍伐会对当地小气候造成影响。排放到大气中的水蒸气减少，会直接导致降水量减少。一旦降水量变少，河流的整体流量也会相应减少，水中的污染物浓度会随之增加，河岸将受到大规模侵蚀。

采矿业和水污染

河流沿线的众多矿井构成了一大环境风险因素。铁矿、铜矿、铝土矿和贵金属矿（如黄金和镍）的开采会涉及化学溶剂或其他污染性金属（如砷）的使用。在采矿过程中，这些污染物会被直接排放到矿区下游的水域中。例如，在过去的10年间，共有200多吨汞被排放到亚马孙流域中，用以提取黄金。汞是一种具有高污染性的重金属，它极易被动物的身体吸收，在其组织中积聚，从而进入食物链，对处于

食物金字塔顶端的动物构成了极大威胁。在这种情况下，有毒物质在生物体内的积累量会超过其在周围环境中的浓度，存在生物积累的风险。汞污染会对生物的中枢神经系统造成严重损害，这种损害有时甚至是不可逆且致命的。

另一个典型的案例发生在对委内瑞拉的钶钽铁矿的开采中。这种矿物含有部分铀，因此具有毒性。从钶钽铁矿中提取出的钽可用于提高技术设备（如摄像机、计算机和移动电话）的性能，减少其能源消耗（即增加电池寿命）。此外，钽也被用于航空航天工业和外科手术器械、体内假体的制造。为提取钶钽铁矿石，需要将含有该矿石的石头置于水中进行直接冲洗，这不仅有可能污染地表水，甚至有可能污染地下更深处的含水层，从而促使有毒物质在更大的范围内扩散。

水坝和其他污染源

一名得克萨斯大学研究员与一个国际团队联合研发了一种针对亚马孙河流域的“DEVI”评估等级。这一测量体系以0到100的浮动指数，对现存或建设中的水坝对河流生态系统造成的损害进行评估。

如今，亚马孙河流域的情况岌岌可危。例如，正在巴西贝洛蒙特建造的巨型水坝将改变相关河流的自然流向，最终导致成千上万公顷的亚马孙雨林消失。而当地居民也只能被迫放弃坚守多年的传统，如内河航运和捕鱼。计划中的400座

左图：一个渔民划着独木舟，驶过洪溢林。

上图：亚马孙河流域一座大型发电厂形成的人工湖的鸟瞰图。

水坝一旦建成（再加上原本已建成的200多座水坝），亚马孙河输送的泥沙量将急剧减少，这既会导致河流自身营养物质枯竭，也会连带影响委内瑞拉方向的河口湾附近沿海地区。

这种沉积物对沿岸的红树林和法属圭亚那的珊瑚礁至关重要，它能够为居住在这片特殊栖息地的诸多生物提供丰富的营养物质。筹备中的巨型水坝对水生动物而言也是一个不可逾越的障碍，因为水坝使物种的分布范围变得细碎化，阻断了洄游物种的通道。

之所以存在这种大规模取水，是因为亚马孙河流经的各个国家都有着巨大的电力需求。其原因主要涉及两个方面：越来越多的人口中心不断扩张；出口铝的生产需求量较大。

虽然相关团队完成这批巨型水坝建设的意志十分坚决，但经济可持续性研究表明，（在大多数情况下）从总体上看，此类工程不仅建设成本极高，而且会对生态环境造成负面影响，严重违反了经济发展规律。

最后，近期发生的水域塑料污染问题也值得一提。类似亚马孙河这样的大河输送了流入海洋中的90%以上的塑料。此外，在帕拉联邦大学进行的一项研究表明，在抽样检测的鱼类中，有80%的鱼的体内都存在微塑料。不仅如此，研究人员在草食性物种（如人齿鱼）和肉食性物种（如著名的红腹食人鱼）中也发现了微塑料。

聚焦 火灾预警

火灾是影响亚马孙雨林及其流域最大的环境问题之一，每年都有数千公顷的雨林因火灾被毁。仅在2019年，火灾的发生率就同比增长了80%。火灾主要集中在旱季，在这一时期，火势蔓延极快，因此法律严禁点火开荒。点火开荒的目的是迅速清空大型地块，用于放牧或耕种（特别是大豆种植）。这些火灾中约有20%发生在保护区内，其中6%的土地为当地土著居民所有。

在亚马孙生态系统中，这种程度的火灾不会自然发生，就其性质而言，这对植被的再生没有帮助，因此不同于地球上其他地区的点火开荒。近年来，17%的亚马孙雨林已经沦为退化区。在这一不可逆的过程中，雨林可能会演变成一个类似热带大草原的环境。此类现象会促进大量二氧化碳（主要温室气体之一）在大气中的释放，进一步加剧全球变暖。此外，还需谨记，亚马孙雨林是地球上生物多样性最丰富的宝库之一。因此，亚马孙的火灾问题与全人类息息相关。

左图：这张照片呈现了一场破坏性火灾，这类火灾对亚马孙雨林的影响日益凸显。

第204~205页图：亚马孙河流域两河交汇处的鸟瞰图。

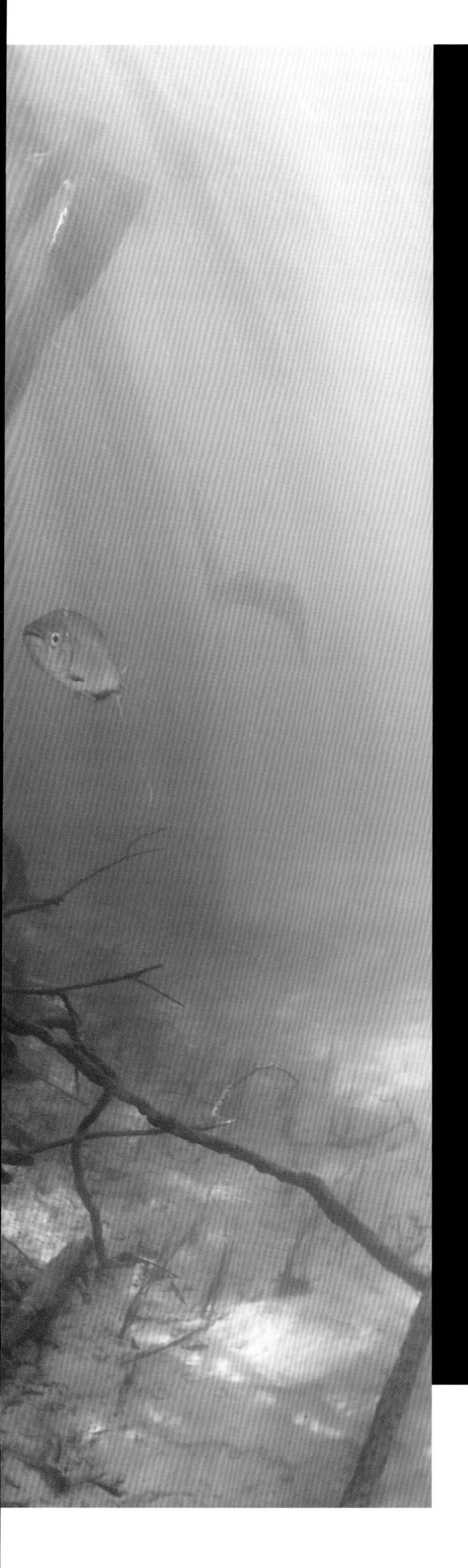

水下

让我们潜入浑浊的河水中，开始亚马孙河之旅吧。自古以来，亚马孙的土著居民和殖民者就根据具体的生态特征（如鱼种的丰富程度和周围土壤的肥沃程度）对河水及其支流进行了划分。目前，根据颜色，亚马孙河水域被分为三种类型：白水、黑水和蓝绿水。

白水集中于亚马孙河的主河道，浊度较高。白水发源于安第斯山脉，在流动的过程中会携带大量营养丰富的沉积物。

黑水的主要代表为内格罗河（亚马孙河的一条主要支流）。黑水含有较少的悬浮物质，因而其浊度比白水低。黑水起源于圭亚那，因内含腐殖酸而显得较为暗沉。

蓝绿水，类似欣古河（亚马孙河的另一条主要支流）的水，透明度最高，悬浮固体颗粒含量较低。蓝绿水主要起源于巴西中部。

左图：雨季过后，亚马孙雨林灌木丛在洪水中的场景。

水生
哺乳动物

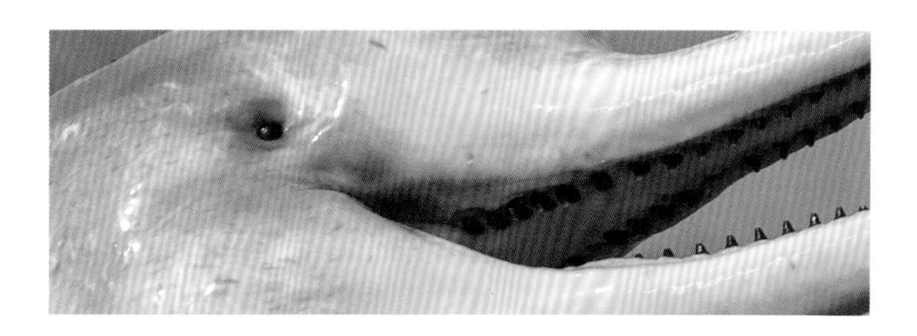

水生哺乳动物是一种不同寻常的、迷人的水生生物，在亚马孙河宏大的河流网络中，它们有着自己独特的生存方式。

亚马孙海牛

如果你乘一叶独木舟在亚马孙河中穿行，就有可能遇见亚马孙海牛，它是亚马孙流域最大的淡水哺乳动物之一。实际上，地球上总共有三种海牛，它们分布在西非海岸、加勒比海和南美洲之间。然而，亚马孙海牛是唯一能在淡水中生存的海牛。这种动物拉丁名为 *Trichechus inunguis*，但不能把它和我们通常所说的海象（*Odobenus rosmarus*）相混淆，它们两者分属不同的属和种。

这种水生哺乳动物属于海牛科，和儒艮类似，中世纪有关美人鱼的众多传说或许正是源于这一动物科的发现。最早发现这种动物的欧洲人是克里斯托弗·哥伦布的船员：在海地附近，他们注意到有奇怪的生物从水中浮出，其行为举止近似人类——海牛在浅水区可以依靠尾鳍站立。而且，由于6块颈椎

第208~209页图：一头亚马孙海牛借助其特殊的尾鳍在水底“漫步”。

右图：成年亚马孙海牛的特写，密布在厚嘴唇上的触毛清晰可见。

并未紧密愈合，它的颈部十分灵活，可以自由转动。人们将它误认为美人鱼自然也是情有可原的。

亚马孙海牛是现存海牛中体型相对较小的一种。雄性海牛的体重通常为300千克，与之相比，雌性的体型则更为娇小。亚马孙海牛体型细长，体灰色，胸前长有一块白色或粉红色斑块。尾鳍是它推进身体前进的主要器官，呈圆形，类似于乒乓球拍。亚马孙海牛的前肢已经演变成非常灵活的鳍状肢。它的脚蹼功能丰富，可用于在水底移动、把食物送进嘴里、进行自我清洁，以及通过触摸或拥抱来与同类进行互动。

亚马孙海牛是典型的草食动物，其肠道长达约45米。它的嘴里只长有臼齿，适于咀嚼水草且会定期更换。亚马孙海牛有着两片活动自如的厚嘴唇，以数十种植物为食，如红树林、水生植物和藻类。亚马孙海牛的食量极大，能在一天内吃下50千克水草，因此被称作“海牛”，这一俗称足以展现它草食性大型水生哺乳动物的身份。有时，亚马孙海牛还会捕捉困在渔网中的小鱼来补充营养。在觅食的过程中，亚马孙海牛往往会在几米深的水下停留大约5分钟，随后浮出水面呼吸。可见，它们的潜水时间不算太长。然而，据说，一只生活在圈养环境中的亚马孙海牛曾成功在水下憋气整整15分钟。亚马孙海牛还会趁着河水泛滥的时机，顺着水流前往森林最深处寻觅食物。

亚马孙海牛通常喜欢独居，但有时也会看到它们成群结队（最多8只）地活动，尤其是在繁殖季节。如今，像这样规模的海牛群已经难得一见了。小海牛一般集中在每年的二、三月出生。雌性亚马孙海牛的孕育期大约持续一年。一只刚出生的小海牛（人们一般将其称作“牛犊”）一般体长90厘米，重10~15千克。在生命的萌芽阶段，小海牛每周可增重1千克。它会和母亲一起度过近两年的亲密时光，这算是亚马孙海牛之间建立的最亲密的家庭关系了。在美洲的两种海牛（亚马孙海牛和佛罗里达海牛）通常都会通过叫声与同物种成员展开交流。

脆弱性

如今，亚马孙流域现存的海牛仅有10000头。它们的栖息地不断缩小和被污染，它们自己也经常与摩托艇相撞或被渔网卷入……由于种种原因，亚马孙海牛已被列为易危物种。在美国佛罗里达州，政府将每年的11月定为“海牛月”，以提高人们对此类动物与当地船只碰撞酿成悲剧的认知。

上图：一只亚马孙河豚跃出水面的壮观场面。

第214~215页图：可以清楚地看到亚马孙河豚用来捕捉猎物（比如鱼类）的牙齿。

亚马孙河豚

毫无疑问，亚马孙河豚（*Inia geoffrensis*）是亚马孙流域最奇特的居民。它是一种鲸目水生哺乳动物，与更为人熟知的海豚关系密切。

亚马孙河豚别名为“Inia”，它具有很强的性别二态性：雄性体长不超过2.5米，雌性体长可达2米。这类河豚的体型整体上看起来纤细苗条。它的背鳍不如海洋物种发达，而胸鳍和尾鳍则更为修长，用于推动身体前进以及改变方向。它的面部形状最为特别：不仅具有一个长长的带齿的吻部，在正面还长有显眼的额隆。

亚马孙河豚的特别之处还在于，在捕食的过程中，它们的行动极其缓慢，与雷厉风行的海洋表亲截然不同。亚马孙河豚的平均游速不到10千米/时，其抓捕猎物的冲刺速度约为30千米/时。虽然它们的小眼睛在生活的浑浊水域中难以起到多大作用，但是它们可以通过回声定位来判断周围的环境，将这一问题轻松克服。这种鲸目动物“观察”周围的方式十分特殊，它们主要依靠精密的声呐识别猎物，以此在常被植物环绕的黑暗环境中定位。这也解释了河豚与海豚的另一个主要区别：亚马孙河豚没有典型的颈椎愈合，因此它的脖颈极其柔韧，最大可横向旋转90度，这大大增加了它的灵活性，使其能够在狭小的空间内自由转动。这便是它与海豚的不同。

亚马孙河豚喙部修长，嘴里一般长有96~136颗牙齿。与海豚相比，亚马孙河豚的牙齿颇具特色，会根据功能的不同而变化，就像大多数哺乳动物（包括人类）的牙齿一样。亚马孙河豚的食物多种多样，既包括大约40种鱼类，也包括螃蟹或河龟。它拥有比前牙更大、更平的后牙，因此能够咬碎河龟的外壳。

亚马孙河豚拥有令人瞩目的奇特体色。它的体色会随着年龄、经常出没的河流不断变化颜色。在幼年时，亚马孙河豚呈灰色，背部较深，腹部较浅。成年后，一些河豚会变成白色，一些河豚（尤其是雄性）则变成（时而明亮的）粉红色。据观察，如果在透明的水体中，亚马孙河豚的颜色就会变深，而在浑浊的水体中，亚马孙河豚的颜色就会明显变粉。

雌性亚马孙河豚会在3岁左右达到性成熟，雄性则会在5岁左右达到性成熟。亚马孙河豚的交配季节与河流旱季（即从六月到九月）相对应。经过近11个月的孕期，雌性河豚会产下一只约80厘米长的小河豚。

一般而言，亚马孙河豚是一种独居动物，通常都以母子形式成对地在水域中生活，而10～15只的群体出行则较为罕见。据观察，雄性亚马孙河豚喜欢在河流的主要分支活动，而抚养幼崽的雌性亚马孙河豚则喜欢在河流的弯道停留，因为在那里它们会得到更好的保护。在好奇心的驱使下，亚马孙河豚常常会主动接近河流中的船只或游泳者，而在其容易被猎杀的高危地区则会更加谨慎。

据部分学者称，经过DNA分析，玻利维亚河豚（*Inia boliviensis*）并非亚马孙河豚的一个亚种，而是一个独立物种。玻利维亚河豚的分布区位于玻利维亚马德拉河流域的上游，在地理上与亚马孙河流域被许多难以跨越的瀑布分隔开。因此，人们认为这两个物种应该是在大约200万年前分离的。

2014年1月24日，科学界宣布发现了一个新的河豚物种——阿拉瓜亚河豚（*Inia araguaiaensis*），与玻利维亚河豚相比，这一物种争议较少。这项宣告至关重要，因为阿拉瓜亚河豚是自1918年以来首次发现的新淡水豚物种。它的活动范围仅限于阿拉瓜亚河流域，该流域与亚马孙河流域被一条条急流和狭窄的河道分隔开。据专家估计，这一新物种数量稀少（仅约600只），因此已经被世界自然保护联盟列为易危物种。

记事本

亚马孙河豚与人类

在亚马逊当地流传着许多关于亚马孙河豚的传说：有人说，如果直视河豚的眼睛，晚上就会噩梦缠身，难以入眠；也有人说，河里的游泳者常常会被它们困住，拖入一个水下之城，一去不复返。

濒危

由于水污染、大型水坝对河豚栖息地的分割以及亚马孙河流域日益频繁的捕鱼活动，亚马孙河豚的数量正在持续下降，世界自然保护联盟已将亚马孙河豚列为濒危物种。

鱼　类

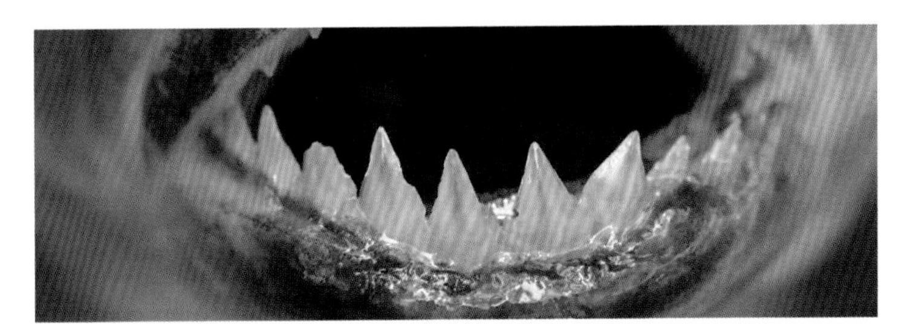

一些常见鱼类经常在这片水域中出没。有的鱼类单独行动，有的鱼类则成群结队出没。它们的活动时间、地点、方式和习惯各不相同，常常使人感到惊奇，甚至感到惊恐。

公牛真鲨

沿着亚马孙河巡游，经常会遇到一种长期生活在淡水中的鲨鱼——公牛真鲨（*Carcharhinus leucas*）。这类鲨鱼喜爱温暖的热带和亚热带海洋，同时也能适应河流和湖泊的生长环境。这是一种软骨鱼，因其敦实的体型和阔平的鼻端而闻名。因此，该物种在英语中的通用名称为“Bull shark”（意为“公牛鲨”）。但是，需要注意的是，我们不能将公牛真鲨与锥齿鲨（*Carcharias taurus*）相混淆。

成年公牛真鲨体长可达2米多，重达230千克，是真鲨科（Carcharinidae）中最重的物种之一。雌鲨比雄鲨体型更大，寿命更长（最长可达16年）。

公牛真鲨喜欢独处，大部分时间都在亚马孙河的浅滩中徘徊和

第216~217页图：一只成年公牛真鲨正在捕猎。

上图：一条淡水魟成功隐身在岩石遍布的水底。

觅食。公牛真鲨的食物随年龄的增长而变化：幼年时，它们会以棘皮动物、甲壳动物和硬骨鱼类为食；成年后，它们的食谱范围会随之扩大，也包括软骨鱼类（其他鲨鱼和鱼类）、海龟和鸟类。

在春夏之交，雌性公牛真鲨会抵达亚马孙河河口，产下幼崽。这一物种的繁殖方式为胎生繁殖。这意味着，幼体将直接从雌性公牛真鲨的子宫壁上摄取营养，子宫壁上带有一个卵黄囊胎盘结构。经过大约11个月的孕期，待幼体在子宫内发育完成后，便会从母体中分离出来。整个“婴儿期”，幼鲨都会在其出生的河口度过，河口也因此成为一个真正的“托儿所”。

公牛真鲨被人类视为最致命的物种之一，但事实上，人类才是给它带来最大威胁的掠食者。公牛真鲨常常遭到人类的猎杀，成为盘中餐：它的肉和肝脏被视为美味佳肴，它的鳍则被用于制作著名的“鱼翅汤”汤底。不仅如此，捕鱼

运动也给这一特殊物种招致了诸多问题。在未来几年内，如果再不对鱼类捕捞加以限制，那么公牛真鲨的数量可能还会急剧下降。

淡水魟

江魟属（Potamotrygon）、副江魟属（Paratrygon）、近江魟属（Plesiotrygon）

在亚马孙河及其支流的水域中也会出现其他软骨鱼类，如淡水魟。它们中的大多数都生活在咸水中，而个别的也会涌入大河的河口，能在含有少量盐分的环境中生存。只有一种淡水魟常年生活在淡水中，那就是江魟科（*Potamotrygonidae*）（意指“江魟”）。淡水魟共有不到20个物种，它们的分类十分复杂，众学者也对此颇有争议。

这些淡水魟身体背腹扁平，宽大的胸鳍上下翻飞，游动起来给人一种在水下飞行的即视感。它们的体型从直径35厘米到1米不等。人们还意外地发现了一种短尾江魟（*Potamotrygon brachyura*），它宽190厘米，重200多千克。淡水魟的体色变化多端，在它们的背部常常分布着深深浅浅的斑点或眼状斑纹。这种颜色便于它们在水底进行伪装。

淡水魟的眼睛位于头顶，背部隐藏着一个小开口，称为喷水孔。它的作用是将水引向鳃裂，鳃裂位于腹部的嘴巴旁边。

在口腔周围分布着它们最复杂的狩猎器官：劳伦氏壶腹。有了这种特殊的感觉器官，即使隐藏在水底淤泥下的猎物运动时，它们也能准确感知其引起的电磁场变化。

这些淡水魟十分贪吃，它们一天中大部分时间都用来觅食。淡水魟通常以小型无脊椎动物（软体动物和甲壳动物）和小鱼为食。一到晚上，它们便会在河岸边聚成小群休憩。与雌性不同的是，雄性淡水魟体型较小，且在腹鳍内缘有一对具有生殖功能的交接器。许多淡水魟都无须产卵，幼体在母亲的子宫内发育完成，在妊娠期（可能持续数月）直接从子宫中汲取营养。新出生的幼体在刚出生的一周内不会进食，它们主要摄取卵黄囊中的营养物质，而此后的第一餐便是浮游生物。

在南美洲亚马孙河流域的许多支流中，都可以找到这些淡水魟。

濒临灭绝

虽然目前淡水魟尚未遭受灭顶之灾，但它已然处于濒临灭绝的境地。人们捕捞淡水魟主要出于两大原因：一是用于食材，二是为了满足水族爱好者的观赏需求。亚马孙的土著居民害怕被其蜇伤，因此一旦遇上便会对其进行残害或就地捕杀。不过，它们最主要的威胁还是栖息环境的破坏和退化，这缘于繁忙的河流交通以及沿河两岸的水坝和港口设施的建设。

上图：这只淡水魟设法藏匿在覆盖着枯叶的水草丛中。

右图：红肚食人鱼群。

当山区的暴雨导致河水泛滥时，淡水魟也会随着水流四处流散，在洪溢林中游来游去，寻找新的食物来源。

淡水魟因其尾部危险的防御武器而闻名。这是一种毒刺，长度6～40厘米不等，主要取决于它的具体类型。这也是淡水魟和“表亲”的不同之处。毒刺由牙质（与人类的牙质相同）构成，长且坚固，表面还有许多钩子。这些钩子主要起到辅助作用，一旦毒刺将猎物的身体刺穿，钩子就会在其身上稳稳地扣住。在毒刺的底部还藏有毒腺，每6个月更换一次，以保证毒刺的威力。猎物被蜇伤后会感到疼痛难忍，而注入的毒液则会破坏其身体组织，导致严重坏死。这种蜇伤或许会对人类造成致命的后果。

红肚食人鱼

潜入亚马孙河的某条支流，在平静而温暖的水域中，你可能会偶遇世界上最贪吃的鱼类——红肚食人鱼。这种食人鱼是南美洲分布最广的一种。大约在19世纪中期，一位奥地利鱼类学家鲁道夫·克尼尔发现了它的存在，首次对它进行了描述，并将其命名为纳氏臀点脂鲤（*Pygocentrus nattereri*）。

在大自然中，红肚食人鱼最长可达35厘米，体重最重不超过4千克。它们体形侧扁敦实，极易辨认。红肚食人鱼的颜色在不同个体之间存在显著差异。但在通常情况下，其背部的银灰色会在腹部褪去，逐渐变成明亮的橙红色。覆盖在它身上的鳞片小而透明，在底色的衬托下产生一种幻彩效果。

不寻常的捕食：巨型水蝽

巨型水蝽（*Lethocerus patruelis*）属于半翅目昆虫，它能完全适应水生生活，并在这种不同寻常的环境中捕食。体型最大的巨型水蝽可长达11厘米！巨型水蝽的第一对腿呈锋利的钳子状，可以迅速地捕捉猎物。第二对和第三对腿由扁平的节段组成，覆盖有细小的刚毛，专用于在水中游弋。作为无脊椎动物，它们的食物十分多样，通常包括小型脊椎动物，如蝌蚪、两栖动物、鱼和刚从蛋中孵化出来的乌龟。巨型水蝽通常在平静的水面上寻找猎物，它们潜伏在漂浮的植物中，伺机而动。一旦发现潜在的“午餐”，立即将其一把抓住，一口吞进腹中。有时，它们甚至会从岸边潜入水中，用第一对长腿捕获猎物，并通过尖锐的口器将酶和麻醉物质注入猎物体内，使其瘫痪并导致猎物组织迅速坏死。即使是幼虫，也能轻松猎取比自己体型庞大的猎物。虽然这些昆虫令人厌烦，但是它们的存在表明这一段河流的水质良好，周围的环境也很宜居。然而，如今巨型水蝽的生存也受到了威胁。一些被释放在环境中的外来掠食者（如甲壳类或两栖类）以巨型水蝽为食，打破了水域的生态平衡。

红肚食人鱼还有一个显著特征——它们的头部轮廓和下颌骨非常凸出，类似于斗牛犬的口鼻部。只有在成年后，它们的眼睛才会变成血红色。它们的尾鳍粗壮，行动十分敏捷。在背鳍和尾鳍之间，还长有小脂鳍，既可以保证它们在水中平稳游弋，也便于我们对其进行识别。

红肚食人鱼以其锋利的牙齿著称，是极其老练的掠食者。红肚食人鱼的单颗牙齿十分宽，通常为三尖齿，边缘呈锯齿状，会定期更换。一个体长仅约15厘米的红肚食人鱼嘴里的牙齿便有4毫米长。红肚食人鱼的咬合能力极强，一击即中，甚至可以将一个人的手指咬断！

红肚食人鱼的牙齿锋利无比，它们的食物不囿于某一特定种类，除鱼类外，还包括小型脊椎动物，甚至还包括水草（在极端必要情况下）。令人好奇的是，它们（特别是鱼苗）可以分解其他鱼类的鳍或鱼鳞。年幼的红肚食人鱼会以猎物的鳞片和皮肤为食，吸收其中重要的营养物质。以鱼鳞为食来维持生存与繁殖的食性被称为食鳞性。在不同的年龄阶段，红肚食人鱼在一天中的捕食时间也有所不同：年幼的红肚食人鱼喜欢在白天觅食，而成年红肚食人鱼则喜欢在夜晚（从日落开始）觅食。

这些鱼类借助“超级嗅觉”，主要使用两种不同的捕猎技巧：第一种是经典的伏击，即红肚食人鱼潜伏在杂乱的水生植物中，等待猎物的靠近；第二种是主动追击猎物。一直以来，红肚食人鱼都被视为一个极具攻击性的物种，但部分学者称，红肚食人鱼对人类构成威胁的说法言过其实。

雄性红肚食人鱼和雌性红肚食人鱼不易区分。繁殖季节到来时，两者只在体色和行为上略有不同。

当雨季来临时，雄性红肚食人鱼便会开始围绕雌性跳起“圆舞曲”，对其发起求爱攻势。由此产下的一连串鱼卵会附着在河岸附

上图：红肚食人鱼利齿的特写。

近植物的根部。雄性红肚食人鱼负责照看鱼卵，直到它们开始孵化。在大约10天内，鱼卵便会孵化出鱼苗。鱼苗以摄食植物为生，它们还会吞食同类来补充营养，这在幼鱼中是一种普遍现象。

在亚马孙河流域也常有其他食人鱼出没，例如，假食人鱼硬腹四齿脂鲤（*Mylossoma duriventre*）、大盖巨脂鲤（*Colossoma macropomum*），以及素食食人鱼（*Tometes camunani*）（最新发现和分类的一个物种）。它们与红肚食人鱼同属一目，但不具危害性。这些鱼类已经形成了一种特殊的饮食规律：在幼年阶段（有时在成年期也可能出现），它们会以昆虫、软体动物和小鱼为食；而在成年后，它们几乎只吃植物，如叶子、种子和果实。

在美国的河道中，人们已经发现了一些食人鱼（包括红肚食人鱼在内）。但是，这些鱼类似乎难以忍受低温，无法在严冬中存活。因此，它们不会对环境造成严重破坏，导致本地物种消失，进而使周围环境的生物多样性变得贫乏。对北美的生态系统来说，这也是不幸中的万幸。

然而，食人鱼在这些地区的出现引起了科学家的极大关注。几年来，他们一直在研究这些动物对当地水生生态系统的影响。不过，应当强调的一点是，这并非动物的自主迁徙，而是由人类引进和输入所导致的。

双须骨舌鱼

这种生活在亚马孙河流域的银色掠食者俗称银龙鱼或银带，学名为双须骨舌鱼（*Osteoglossum bicirrhosum*）。

双须骨舌鱼体长，侧扁，全长可达90厘米，重达6千克。这类鱼头部粗大，一双眼睛炯炯有神，眼珠转动灵活。它的嘴部宽大，口裂下斜，还长有一对颌须。其皮肤完全被半圆形鳞片覆盖。背鳍和臀鳍呈带形，常与尾鳍融合，而胸鳍和腹鳍则相对较短。双须骨舌鱼主要借助鱼鳔呼吸大气中的氧气。它们的寿命极长，有时长达20年。

这种肉食性鱼类以各种猎物为食，包括鱼类、两栖动物、爬行动物、小鸟或小型哺乳动物（较为罕见）。双须骨舌鱼捕食昆虫的方式十分有趣：发现猎物后双须骨舌鱼立刻跃出水面（高度可达2米），张开大口，将其吞食。

双须骨舌鱼的繁殖方式尤为特别：受精卵在雄鱼口中孵化，鱼苗出生后会立即返回雄鱼口中寻求庇护，以躲避潜在的掠食者。有趣的是，这样一种捕食本领超强，甚至能够在水外捕食的鱼类，竟然还有一种更强烈的本能——保育：虽然雄鱼需要将鱼苗含在嘴里，但它总能成功抵制诱惑，直到鱼苗长大成年，开始独立生活。

上图：这些双须骨舌鱼鱼苗的卵黄囊仍然附着在腹部。卵黄囊富含营养物质，保证了鱼苗孵化后最初几天的存活条件。

河流沿岸

如若将目光从水中转移到亚马孙河及其支流沿岸，我们可能会发现一些不同寻常的生命，它们已经习惯了在这个错综复杂的河道迷宫中游弋穿行。河流两岸森林密布，我们进入了一座洪溢林。这些森林往往会经历较大的周期性变化，其外观也会随之发生改变。

亚马孙河流域地区降雨量丰沛，且全年分布不均。在雨量最丰沛的时期，这种波动会促使水位上升10～15米，从而淹没约70万平方千米的雨林（比整个西班牙的国土面积还要大！）。这种情况对河流中的生物非常有利，它们可以顺着水流抵达食物丰富的新区域（这些地区它们平常难以进入），还可以找到进行繁殖的避风港。如此一来，水面上漂浮的茂密植被很快就会变成一个拥挤不堪、生机勃勃的育儿所。

被亚马孙河丰饶的白水淹没的洪溢林被称为沉没森林；而被较为贫瘠的黑水（如内格罗河）淹没的洪溢林则被称为泛滥森林。

左图：洪溢林一隅。

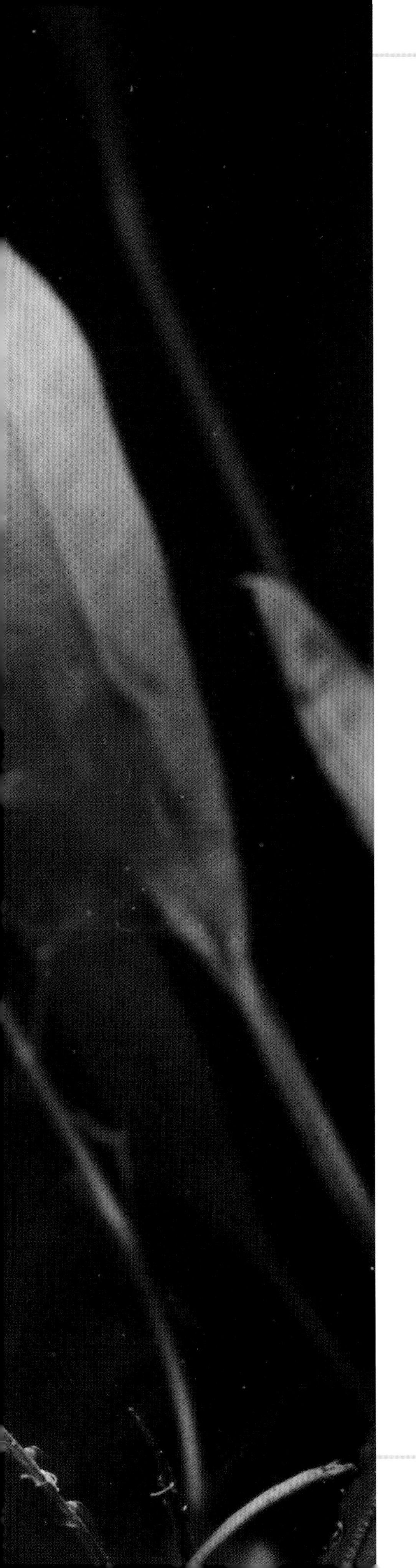

七彩神仙鱼

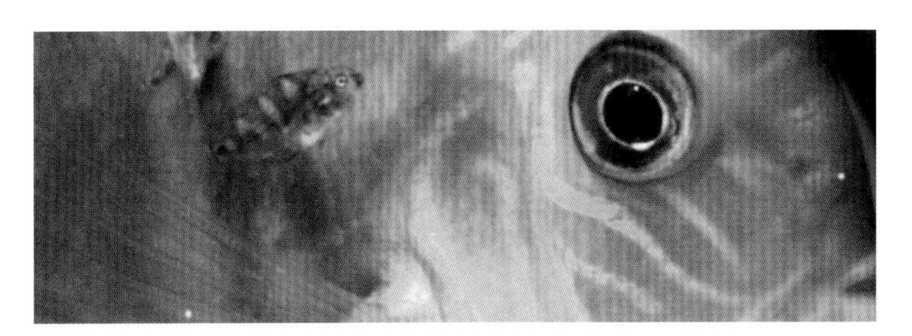

七彩神仙鱼是一种原产于亚马孙河流域的淡水鱼，通常分布在沉没森林，以美丽的外表与优雅的姿态著称。

七彩神仙鱼又称蓬巴杜鱼，通常是指盘丽鱼属下的三种鱼类：盘丽鱼（*Symphysodon discus*）、黄棕盘丽鱼（*Symphysodon aequifasciatus*）和塔尔氏盘丽鱼（*Symphysodon tarzoo*）。它们属于遍布亚洲、非洲和美洲的大型慈鲷科，是原产于亚马孙河流域的淡水硬骨鱼，其聚集地从亚马孙河流三角洲一直蔓延到秘鲁。

作为沉没森林的“常驻民”，它们绚丽多彩，姿态优雅，受到了世界各地水族爱好者的青睐。这类鱼的养殖难度较高，因此不建议新手尝试。早在19世纪，七彩神仙鱼在巴西被发现时，生物学家就将它命名为“亚马孙之王”。它们长度不到20厘米，身体为圆盘形，侧扁，整体看上去就像一个弧度近乎完美的圆盘，故英文名为“铁饼”。

七彩神仙鱼的外观五彩缤纷，色调从黄色、橙红色到蓝色不等，垂直的黑色条纹穿插其间。这样的黑色条纹一般有八九条，条纹深浅会随着鱼的情绪状态而有所改变。它们的鳍又圆又宽，在边缘处通常会有一条细且深的红色纹路。尾鳍呈三角状，腹鳍细长。在头部、背鳍、尾鳍和腹鳍上可以看到一些蓝绿色的混彩波浪线。七彩神仙鱼的嘴部小且突出，位于头部中间，因此它既能在水面、水底觅食，也能在水中央觅食。

七彩神仙鱼是肉食性鱼类，猎食对象极其广泛，有时也会以植物为食。据称，它们在野外可以存活10年，在水族馆里甚至可以存活16年之久！

这种鱼喜欢在平静的水域生活，因为水下有丰富的植被和岩石作掩护。它们会在小型鱼群中活动，一般8条一同出行。这种鱼不具有显著的性别二态性，雄鱼和雌鱼几乎完全相同。

七彩神仙鱼的繁殖季节恰好是河流的涨水期，在这期间，它们会形成稳定的配对。它们虽然平常看起来性情温和，但也具有很强的领地意识。鱼卵一般会产在漂浮的植被或岸边的岩石上，由双亲一同照顾。七彩神仙鱼的特别之处在于，在鱼卵孵化、卵黄囊被全部吸收后，双亲的皮肤会分泌出一种黏液，这种黏液营养价值很高，可以作为鱼苗几天的养料。

第228~229页图：一条成年七彩神仙鱼正准备捕食一只小型水生无脊椎动物。

上图：这些七彩神仙鱼鱼苗正在摄取双亲皮肤上分泌的黏液。

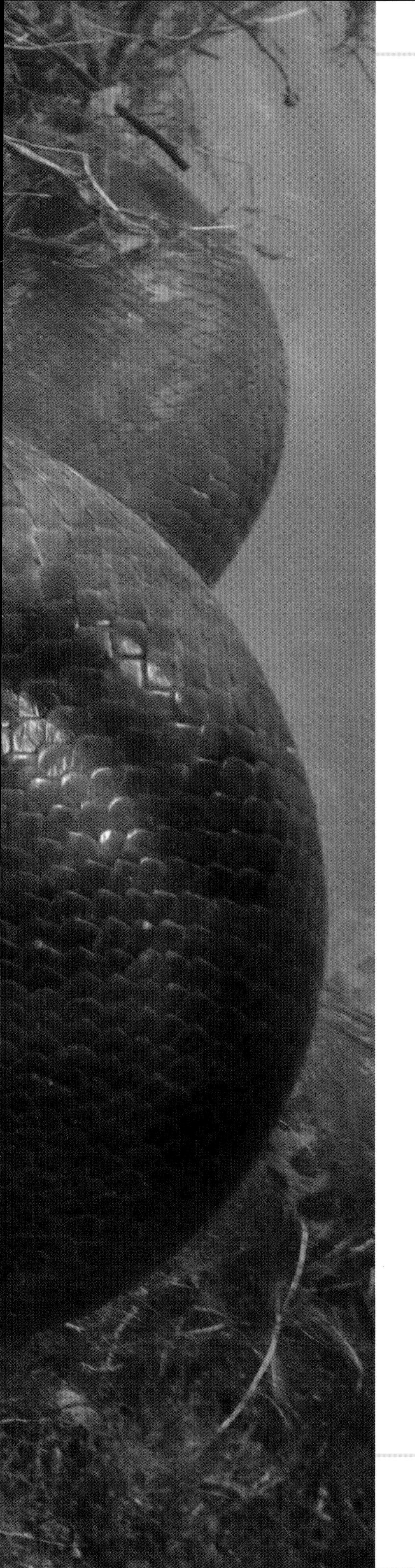

绿森蚺

亚马孙河流域表面平静，水下却暗潮涌动。在水下的植被中，可能隐藏着世界上最重的蛇——绿森蚺。

绿森蚺（*Eunectes murinus*）被归为水蚺属（*Eunectes*，意为“游泳健将”），仅从名字便可见一斑，这种蛇非常善于在河道里活动。它们在水中姿态优雅，来去自如，比在陆地上移动时更具优势。在南美洲共有四种水蚺：黄水蚺（*Eunectes notaeus*）、班尼水蚺（*Eunectes beniensis*）、巴西水蚺（*Eunectes deschauenseei*）和绿森蚺。其中，绿森蚺的分布范围最广，主要生活在亚马孙河流域。

创纪录的蛇

雌性绿森蚺平均长6米，比雄性体型更大（雄性最长可达3米）。

第232~233页图：一条成年雌性绿森蚺在交配后仍然盘绕在雄性身边。这对雄性绿森蚺而言，也许是一个致命的“拥抱”。

上图：一条雌性绿森蚺舒适地盘踞在一根树干上晒太阳。

绿森蚺最重可达250千克，即便算不上世界上最长的蛇，它也一定是最重的蛇。这类蚺科动物体型庞大（一些物种的最大直径甚至可达30厘米！），主要通过缠绕收缩来进行猎杀。

绿森蚺昼伏夜出，最喜欢藏在水中伏击各种猎物：它们会将身体几乎完全浸没在水中，静默不动，只把眼睛和鼻孔浮出水面，以一种隐蔽的方式洞察周围的一切。绿森蚺还能以同样的技巧捕获大型哺乳动物（如水豚和貘），捕食鱼类、水鸟和其他爬行动物（如凯门鳄）。当猎物在饮水时，绿森蚺既可以直接在水中捕猎，也可以在河岸上对其展开猎杀。无论是在水中还是在陆地上，绿森蚺都是以力杀戮，借助盘绕收缩来绞死猎物：绿森蚺会缠绕猎物的胸廓，凭借其盘绕的肌肉力量，阻断猎物胸腔的扩张运动。猎物无法吸气，最终窒息而死。绿森蚺不会咀嚼，为了吞下食物，它们会从头部开始拉伸，大幅扩张自己的口腔。借助动腭和颌骨关节分离运动， 绿森蚺能够吞下比自己体型大许多的猎物，就像一个人可以将一整个椰子放进嘴里并吞下去一样。

此后的消化过程十分漫长。如果是一顿饕餮大餐，比如吞下一头水豚，绿森蚺会花上几天时间进入深度休眠，一动不动地待在巢穴中慢慢消化肚里的食物。绿森蚺贪得无餍，据记载，一些雌性绿森蚺甚至会以同种的雄性为食。

上图：一条雌性绿森蚺和多条雄性交配时相互缠绕的经典画面。

爱的缠绕

众所周知，蛇没有四肢。但是，有些（如绿森蚺）在泄殖肛腔内仍然留有一个交配囊。在雄性蛇身的这一部位，长有两个可移动的较大疣粒，在求偶时用来抚摩雌性。绿森蚺的繁殖通常发生在雨季，它们会选在水下进行交配。在每年的这个时候，雌性绿森蚺会释放性激素（挥发性化学物质），吸引更多原本与之相距很远的雄性。雄性绿森蚺到达雌性所在的水域，会纠结缠绕在它庞大的身躯上，试图与其进行交配。这种一条雌性与多条雄性（最多13条）交配的繁殖方式被称为“一妻多夫制”。

绿森蚺是一种卵生蛇，从交配到分娩整个历程大约为7个月：在这段时间里，蛇卵不会被产下，它会一直留在母体内，免受外界的侵扰。母体的温度约为29℃，非常适合胚胎发育。为保持恒温，雌性绿森蚺每天都要进出水面数次。当雨季结束时，分娩也将近了，这一过程通常发生在黄昏。此时，雌性绿森蚺往往会寻找浅水区进行分娩，最多可产下40条小蛇。小蛇一出生就有60厘米长，它们会立即离开母亲的领地，迅速掌握游泳和捕食的技能。产后，雌性绿森蚺饥肠辘辘，其体重可能下降到产前的一半，因为它在整个妊娠期都无法捕猎。在繁殖季节，绿森蚺的体质会大大削弱，因此雌性绿森蚺通常每两年才交配一次。

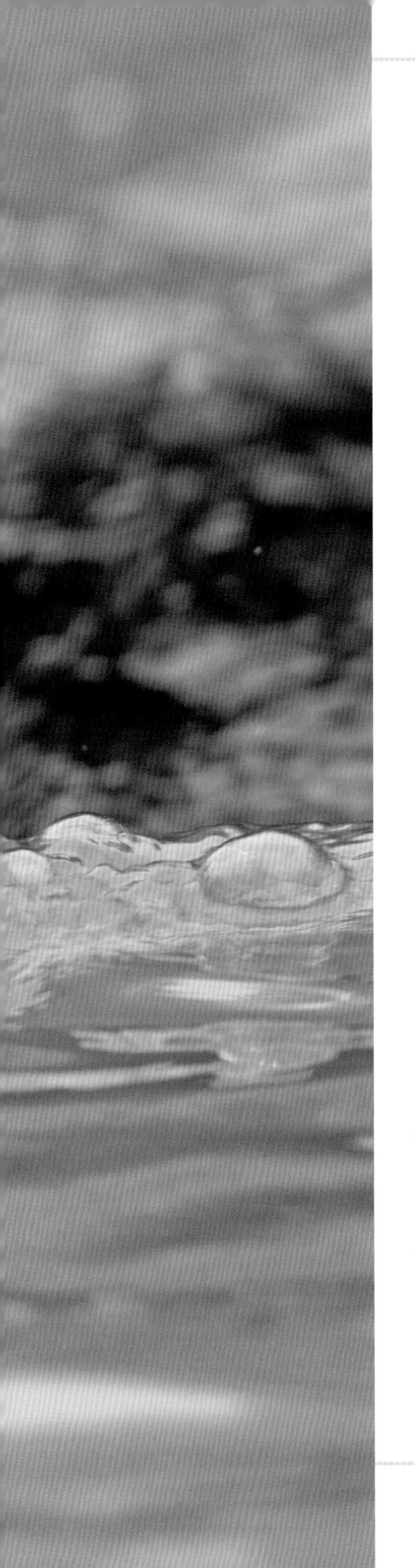

水栖 哺乳动物

水栖哺乳动物往往体型庞大，外形独特，且对水生环境十分依赖，将其视为理想的栖息地。

巨獭

这种诙谐的哺乳动物属于鼬科，是巴西的一种标志性动物。它学名为巨獭（*Pteronura brasiliensis*），俗称巴西巨獭，是世界上最大的鼬科动物：雄性巨獭可长达120厘米（不包括60多厘米的尾部），一只成年巨獭的体重约为35千克。

巨獭的身体覆盖着深棕色皮毛（由短而柔软的毛组成），厚实且防水；它们的下颏还长有一大片浅色的皮毛。与其他水獭不同的是，巨獭在水下和陆地的视力都很好，这一特点有助于它们狩猎和发现潜在的危险。不仅如此，它们还拥有

第236~237页图：一只成年巨獭几乎完全浸在水中游动。

上图：一群巨獭在河岸边休息和晒太阳。

右图：一只巨獭面对绿森蚺的逼近，做出了防御姿态。

第240~241页图：一只巨獭被试图偷吃它盘中餐的鹭惹恼。

高度发达的听觉和嗅觉。

巨獭是典型的“伞护种”（一种特殊的目标物种），如果对其进行保护，也能够间接地保护其生存环境中的许多其他物种，对生态系统本身也大有裨益。这意味着，要想在它的栖息地对其进行保护，就需要保护栖息地本身，因为一旦栖息地消失，这种动物也将在大自然中灭绝。因此，伞护种保护计划规定，我们应当保护伞护种自身所处的整个生态系统。类似的伞护种还有貘。

巨獭的身体是一个流体力学奇迹：其体型纤长，耳朵短小（潜水时可自动关闭），双足粗壮，趾间有蹼，尾巴长而扁平。此外，为便于在亚马孙河的浑浊水域中灵活捕猎，它的鼻端还长着具有触觉的长毛，称为“触须”。捕猎时，它矫健敏捷，游速极快，能够在短短26秒内完成100米的距离。

巨獭的食物主要包括鱼类，特别是底栖鱼类，如鲶鱼，但也会以河蟹、两栖动物，甚至小凯门鳄或绿森蚺为食。它们主要在较为清澈、几乎没有水下植被和浅滩的河流中捕食。在浅水区，它们通常会单独捕食；而在深水区，它们则更喜欢集体捕猎。一旦它们将猎物锁定，便会将其逼进较浅的水域，以便猎杀。将猎物捕获后，它们就会将其拖出水面，在岸上吞食。巨獭每天可摄取多达4千克的食物，进食量约为其体重的10%。

巨獭是一种乐于社交、高度社

会化的动物，它们生活在一个平均由5～8只个体组成的家族群中。这种群体通常由一对“一夫一妻”的伴侣组建而成，在代代相传中得以延续。据人们观察，几个巨獭家族群会不定期聚集在一起，形成一个更大的群体（由多达20只个体组成）。巨獭往往会占领10平方千米以上的猎区面积，其领地主要是以河岸周边或折断的树干下挖就的集体巢穴为中心，向四周延展扩散。这类鼬科动物无所畏惧，它们会对自己的领地严防死守，甚至让美洲豹望而却步。

巨獭没有特定的交配季节，但是雌性巨獭的分娩期通常集中在旱季。雌性巨獭一次会诞下1～5只（平均2只）幼崽。在巢穴内度过第一个月后，小水獭便会掌握游泳技能，并在玩耍中精进自己的狩猎技术。在10个月左右，它们就会拥有成年巨獭的体型。

生存危机

在过去，巨獭这种动物十分普遍，而如今，世界上仅剩下几千只巨獭。巨獭数量的急剧减少主要有以下两个原因：一方面，在过去，人们为获取宝贵的皮毛对其展开了密集的猎杀；另一方面，近年来，它们的栖息地遭受了分割和破坏。

此外，密集捕鱼或水污染加重也会导致巨獭可捕获的猎物数量逐渐减少，加剧其生存危机。

水豚

在南美洲的亚马孙河畔，居住着现存最大、最憨态可掬的啮齿类动物——水豚。这个奇特的名字源自图皮—瓜拉尼语中的一个术语“ka' api ara”，意为“细草食者”。但是，由于水豚喜欢在泥浆中打滚，它也常被称作“水猪”。世界上共有两种水豚。其中一种名为*Hydrochoerus hydrochaeris*［“hydor”（水）和“choer-us”（猪）］，它们喜欢在亚马孙河及其支流中嬉戏打闹。这类哺乳动物往往逐水而居，比如，亚马孙河盆地的河流、湖泊和沼泽。水豚是世界上最大的啮齿动物，它肩高一米多，体重可达66千克。

别看水豚体型笨拙，显然不符合流体力学，但它却特别适应水生生活。它的趾间具有半蹼，适于划水；其眼睛、鼻孔和小圆耳朵都长在鼻背上，因此可以几乎完全浸在水中，既能保证呼吸通畅，又可随时保持警惕。对水豚而言，水的作

左图：一群水豚游过河面。

上图：几只水豚在河岸边休息和晒太阳。

用非常关键：水不仅可以在一天中最炎热的时段防暑降温，还可以救其于危难之中。水豚嗅觉敏锐，听觉高度发达，当它们意识到有掠食者接近时，会立即潜入水中，迅速游离岸边。

水豚主要以营养丰富的水生或半水生植物为食。为觅食，它们常常能够在水下憋气数十分钟。此外，它们还喜欢吃甘蔗和玉米，偶尔也会通过吃鱼来补充营养。水生环境为水豚提供了一个理想的繁衍生息之地，它们的交配主要在河流拐弯处的平静水域中进行。通常情况下，在经历4个月的妊娠期后，雌性水豚会诞下5只幼崽。数月后，当幼崽达到接近成年水豚的体型时，就会离开母亲。

水豚并非濒危物种，一些国家（如意大利）严令禁止进口水豚，因为人们认为水豚具有潜在的入侵性，可能会对将其引入的生态系统造成危害。

南美貘

南美貘（*Tapirus terrestris*）是亚马孙河流域最大的哺乳动物。乍一看，它仿佛生活在史前时代。据科学家称，这类动物与它们在始新世（即5500万年至3370万年前）的祖先在外观上相差无几。

在现存的四种貘中，南美貘（即低地貘）最常见，分布区域最广。它肩高80～120厘米，体长150～180厘米，体重可达250千克。南美貘体型粗壮，身上覆盖有短硬、浓密的深褐色皮毛，脸颊和喉咙上布有较浅的斑点，耳廓上缘呈白色。从头顶至颈背处长有一道短而直的鬃毛，可以使其免遭美洲

左上图：一只雄性南美貘在河中漫步。左下图：可以清楚地看见南美貘幼崽的皮毛上布有独特的明暗交错的条纹，这种体色十分便于伪装。

枯叶龟

在亚马孙河流域大河两岸的沼泽中，有一种奇特的爬行动物藏在浑浊的水里，它就是枯叶龟，也叫玛塔蛇颈龟（*Mata mata*）。这种龟类体型庞大，背甲直径约为50厘米，脖颈有20厘米长。尽管如此，它依然能够整日掩藏在泥浆里，如不多加留意，便很难发现它的身影。

这种水栖龟类最喜欢吃生活在泥塘里的小鱼和无脊椎动物。在捕食的过程中，玛塔蛇颈龟极为耐心，它总是潜伏不动，只将自己的鼻孔和眼睛从水面冒出。它能够完美地融入周围的环境将自己隐匿起来，因此在捕猎时总是百发百中。它背着一个棕色的块状甲壳，头部末端长有一个细长的喇叭似的管状鼻，使其即使在完全没入水中的情况下也能保证顺畅呼吸。在其头、脖颈和蹼爪上还覆盖着疙疙瘩瘩的皮肤。所有上述特点，以及长达数小时一动不动的技能，赋予了玛塔蛇颈龟一种天然的保护色，使其可以伪装成枯叶、腐烂的植物或布满藻类的岩石，几乎能够与周围的环境融为一体。在夜间捕猎时，一旦猎物不慎靠近，它就会迅速张开嘴巴，像吸尘器一样，将其吸入腹中。

豹的撕咬。它的脚蹄十分粗壮，前蹄四趾、后蹄三趾。

南美貘头部细长，就像大象一般，长有一根短小的鼻管。鼻管由鼻端的延伸部分与上唇相连而成，独特又灵活。在游泳时，它的鼻管也被用作“呼吸管”。南美貘虽然视力较差，但它具有最发达的嗅觉和出色的听力。

南美貘属于草食动物，一般在黎明时分或夜间进食。在森林里，南美貘以草、树叶和嫩芽为食，也吃地上捡来或（用鼻管）从树上摘下的果实。它的大部分时间都在水边度过，因此会大量进食水生植物。南美貘不太善于保卫自己的领地，总是不断四处迁移。此外，南美貘的生态功能十分显著：它可以通过排泄为土地增肥，促进植物的生长，而风则会促进植物的播种。

南美貘全年都可以进行交配，因此没有固定的交配季节。雌性南美貘在两岁左右达到性成熟，每两个月可生育一次。经过13个月的孕期，雌性南美貘会在森林深处产下一只幼崽。刚出生的幼崽毛发与成年貘不同：颜色为红褐色，身上有明显的黄色斑点和纵向条纹，这可以使其在森林的光影中隐匿起来。随着幼崽的成长，这一特征会逐渐消失，并呈现出典型的成体颜色。幼崽和母亲相处的时间通常约为12～18个月。

南美貘生性胆小，对水生环境十分依赖。对它们而言，河道不仅是觅食或避暑的好地方，还是遇险时一条救命的逃生通道。和许多大型草食动物一样，南美貘也喜欢洗泥浆浴，以此来消除藏在皮毛中的寄生虫（如虱子和跳蚤）。一旦泥浆凝固，南美貘便会用后肢抓挠胸部，将泥浆从身上抖去。

河流上空

让我们举目四望，在亚马孙河上空耸立的参天大树间继续探索吧！亚马孙河两岸植被茂密，为众多傍河而居的动物提供了完美的庇护之所。

在亚马孙河流域，各个栖息地之间按照纵向划分生物圈层，而非传统意义上的横向划分。高温和近100%的湿度对树木植被的生长十分有利。亚马孙流域的年平均气温从未低于18℃，因此生长着常绿植物（即全年保持叶片的植物）群。亚马孙流域土壤腐殖质含量偏低，光照度也不强，因此地上植被稀少。在1~20米的林间，往往光照稀少且无风；而在平均高度为40米的林间，簇叶会向阳伸展，形成一道道连续的绿色拱弯，常常将窄窄的河道完全覆盖。因此，在这种生长环境下，许多动物不仅懂得及时储备水源，还会在遇险时将河道作为逃生通道。

左图：在一段时间的强降雨后，一片棕榈林淹没在水中。这种植物的果实深受各种森林动物（如西猯和貘）的喜爱。

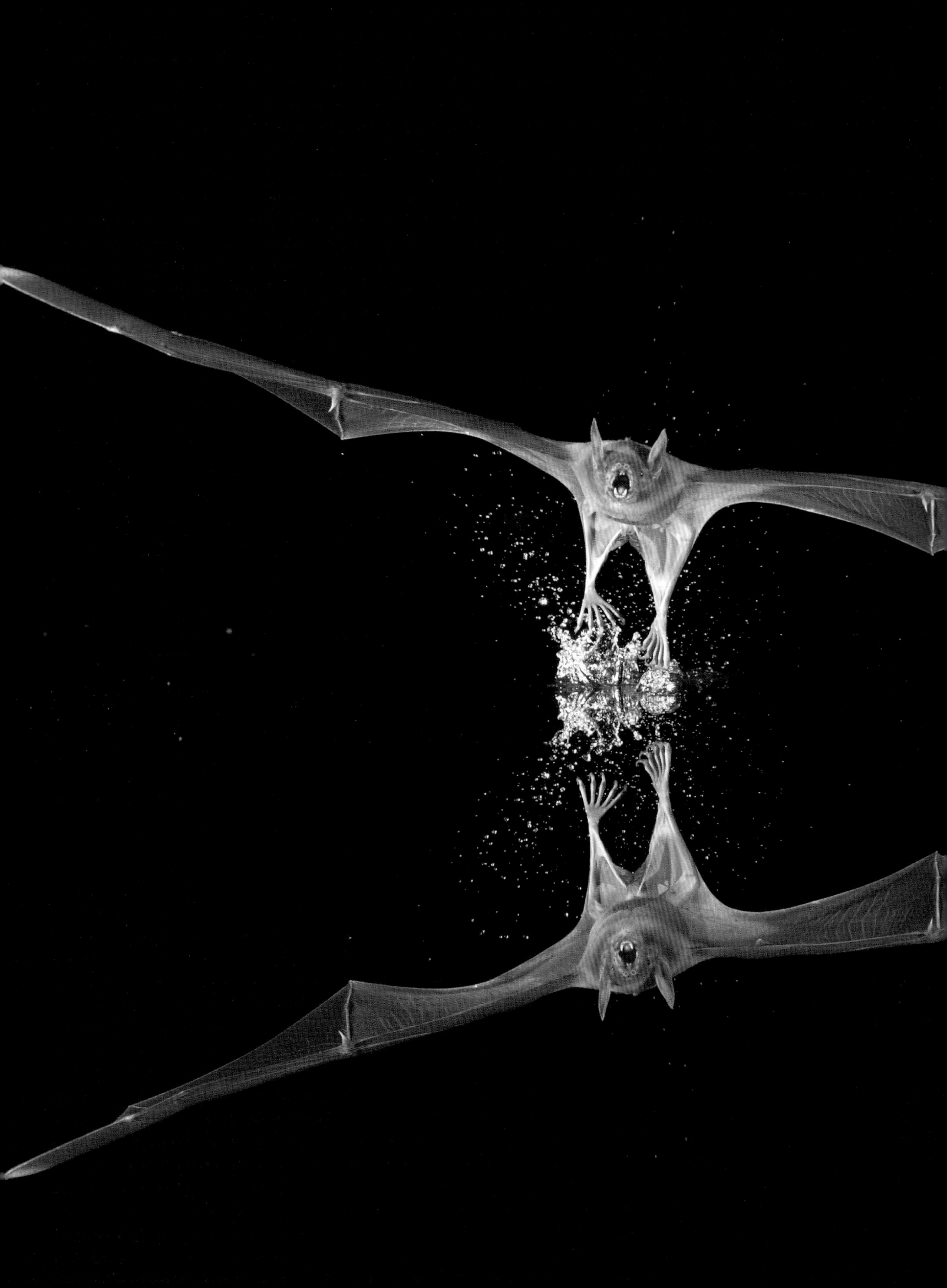

墨西哥兔唇蝠

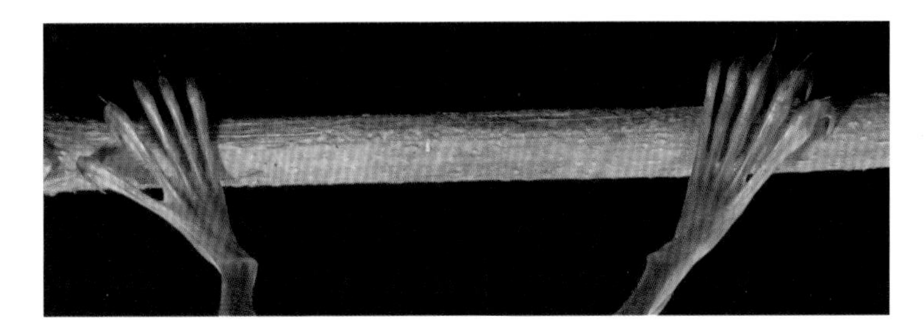

在亚马孙河河岸郁郁葱葱的山脊上，即使在夜晚也依然生机勃勃。如果幸运的话，还能观赏到墨西哥兔唇蝠捕食的精彩画面。

墨西哥兔唇蝠在南美洲共有三个亚种，而在亚马孙流域的大部分地区只有一个亚种广泛分布，那就是大牛头犬蝠（*Noctilio leporinus*）。

这种会飞的哺乳动物面孔奇特：口鼻尖，脸颊很大。正是由于这些特点，人们才常常将它称作“牛头犬蝙蝠”。它的身体覆盖着富有光泽的淡红色短毛。这类蝙蝠往往体型较大，体长8~9厘米，重15~20克。墨西哥兔唇蝠属于翼手目（Chiroptera，意指“带翅膀的手”），它的翼展长约60厘米，由其4趾（共有5趾）伸长形成。4趾负责支撑一层极薄的、

第248~249页图：在最后的进攻失败后，墨西哥兔唇蝠铩羽而归。

上图：墨西哥兔唇蝠搜捕猎物时在水面留下“轨迹”。

右图：墨西哥兔唇蝠正在吞食一条肉质鲜美的小鱼。

与后肢相连的皮脂膜（被称为“翼膜”）。只有拇指从翼膜中露出，主要用于攀爬。

一嗅便知

墨西哥兔唇蝠的翼下长有一个气味腺体，这个腺体会分泌一种油性分泌物，散发出一种独特的气味。最新研究表明，这种物质成分在同属一个种群的个体之间极为相似。无论是在飞行中，还是立在栖架上休息时，我们都可以根据每种蝙蝠的“独特气味”来识别它的所属种群。

白天，这些蝙蝠经常聚集在多达数百只的大群体中休憩。而到了黄昏，它们则会从岩石或树干缝隙中的藏身之处出来觅食。

奇特的狩猎

墨西哥兔唇蝠的食物多种多样，主要取决于季节和种群居住的地区。在雨季，它主要以飞行中捕获的昆虫为食；而在旱季，则通过捕鱼来补充饮食。为了捕获那些行踪隐秘、难以在夜间进行监听的猎物，墨西哥兔唇蝠发明了一种特殊的狩猎技术。墨西哥兔唇蝠习惯在夜间捕鱼，它会以20～50厘米的高度掠过水面，在亚马孙河或其支流的水面逡巡。在捕猎的过程中，墨西哥兔唇蝠会发出两种高频脉冲来对猎物进行回声定位。凭借超声波的发射，它能够探测到水面下鱼所在的位置。一旦截取到猎物的位置信息，墨西哥兔唇蝠就会缓缓逼近，同时减少脉冲的持续时间和频率，以便准确地确定鱼的位置。此时，它开始慢慢下降，愈加贴近水面，并与水面保持平行，在约4～10厘米的高度飞行。它的后肢越来越靠近水面，与此同时，它发出的脉冲也越来越短，以便更准确地截取目标猎物的位置信息。到了发起最后进攻的最佳时刻，它伸出后肢上的爪子，将小鱼一举擒获。

然而，要对水下的猎物进行监听并非易事，墨西哥兔唇蝠还有一种十分奇特的狩猎模式：它们会用后肢的爪子在水面上拖动，以探测潜在猎物的信息。这显然是该物种最常使用的狩猎方法。这种蝙蝠通常不会在亚马孙河周围的众多水域随意飞行，而是会前往过去收获颇丰的地区觅食。有时需要进行50至200次搜捕，才终于能享用到它们梦寐以求的晚餐。

墨西哥兔唇蝠每晚可以吞食多达40条长度为2~8厘米的小鱼。它们既可以在飞行时将猎物立即吞下，也可以将其衔在嘴里，带回栖息地静静享用。

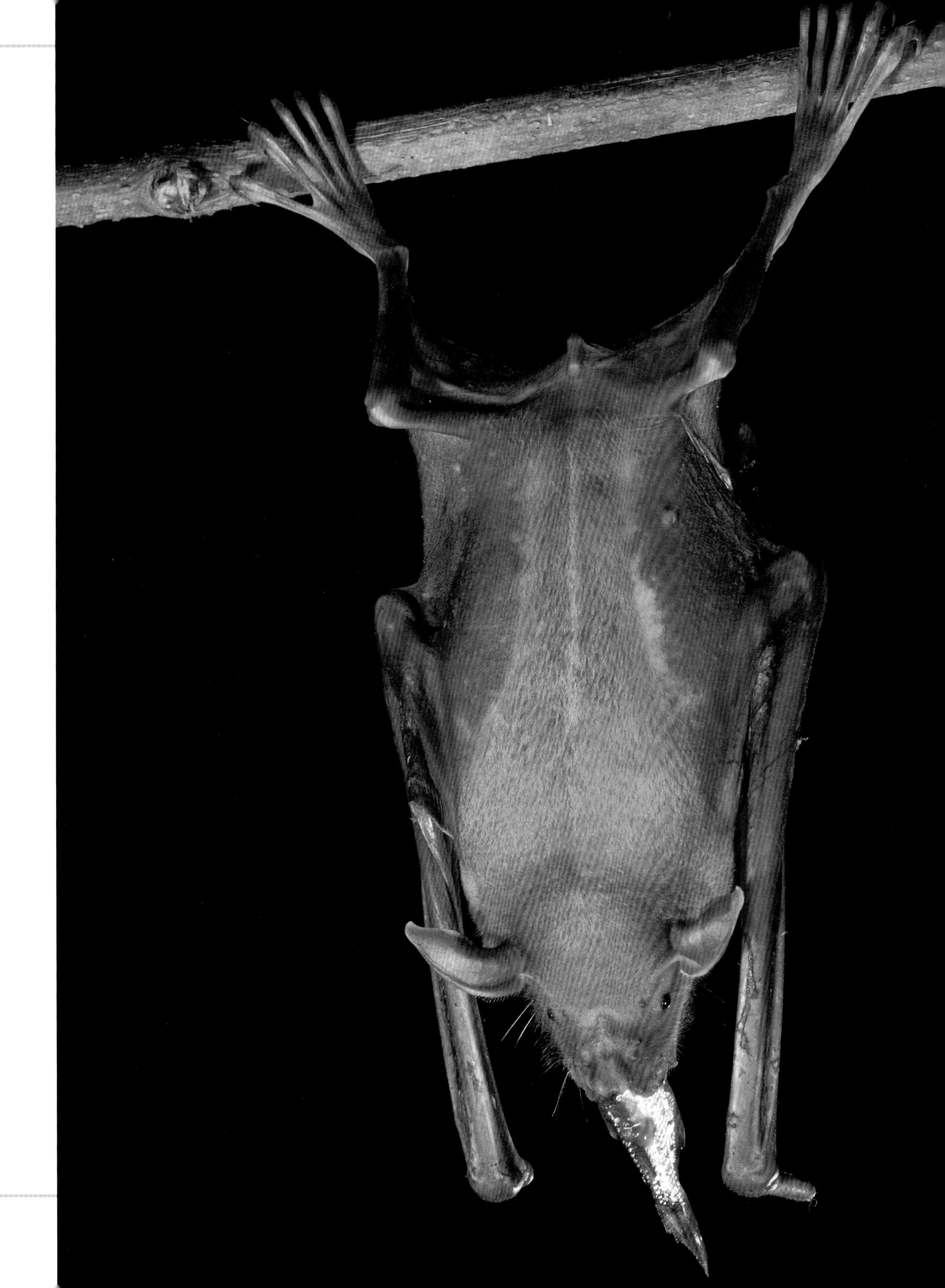

树懒

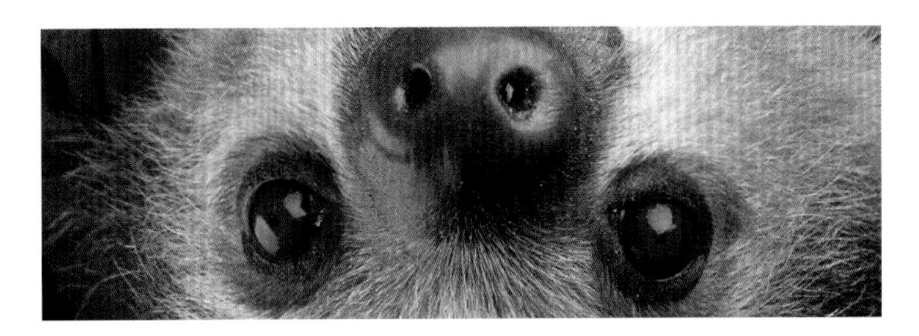

如果你仔细观察亚马孙河两岸茂密的树木，就会发现亚马孙雨林中行动最缓慢的居民——树懒。

在亚马孙流域共有两种树懒，分别是褐喉树懒（*Bradypus variegatus*）和二趾树懒（*Choloepus didactylus*）。在中美洲和南美洲总共有六种树懒：其中，四种是三趾树懒（属于三趾树懒属），两种是二趾树懒（属于二趾树懒属）。

亚马孙流域的树懒体长约60厘米，体重达4～8千克。树懒在树枝间移动时行动迟缓，速度约为240米/时。当必须在地面上行走时，它们会显得更加笨拙：树懒无法将腿抬离地面，只能用强劲的爪子牢牢地钩住树根和岩石，贴着地面艰难地挪动。出于这个缘故，树懒极易被掠食者锁定为目标，因此它们很少下地行走，到地面通常只是为了排泄：每10天左右排泄一次，一

次可排出多达1千克的粪便。而当树懒不慎落入水中或自行潜入水中时，我们会发现，原来它们游起泳来身手竟十分矫健。

这类哺乳动物的皮毛主要呈浅灰褐色，稍杂有特别的浅绿色花纹。通过显微镜对树懒的皮毛进行观察，人们发现这种奇特的绿色源自微藻。这些微藻附着在树懒的皮毛上生长，使其完美地隐藏于枝杈之间。树懒只在树上觅食，它们没有门牙，只能用嘴唇直接从树枝上咬下果实、树叶和花朵。这种热量极低的食性造就了它们平和而“节能”的生活方式。在自然环境中，树懒从不饮水，只从摄入的树叶中（或通过舔食露珠）获取所需水分。

第252~253页图：秘鲁森林中的一只褐喉树懒。

左图：二趾树懒静静地挂在一根树枝上。

上图：一只出生不到一周的褐喉树懒幼崽正紧紧地依偎在母亲身边。

第256~257页图：一只雌性褐喉树懒将幼崽抱于腹侧。

另类的哺乳动物

与其他拥有7节颈椎的哺乳动物不同，三趾树懒有9节颈椎，因此它们的颈部更为灵活，能够完成270度的转头动作。对于树懒这种平和的动物而言，这个特点非常实用，毕竟它们大部分时间都将身体倒挂在树上。树懒覆盖身体的毛发也非常特殊，是从腹部向背部生长的。具备了这种独特的适应性，树懒倒挂在树枝上移行时会更为敏捷。在雨天，这种毛发也大有用处，它可以让水流顺着身体流下去。

大部分时间，树懒的惯用姿势都不太“正确”，这可能压迫到一些脆弱的内部器官，从而对身体造成严重的损害。因此，在这种特殊的动物体内，消化系统的某些部分会向腹部旋转。于是，我们会发现，树懒某些器官的位置与其他哺乳动物相反。

母树懒挪窝

树懒喜欢单独活动，每天会睡15～19个小时，但在繁殖期，树懒的生活会发生翻天覆地的变化。

即使相距甚远，雌性树懒发出的叫声也能传入雄性树懒的耳朵。雄性树懒迫不及待，甚至不惜潜入水中，游向潜在的配偶。雌性树懒整日挂在树枝上，经过长达6个月的孕期后，会产下一只幼崽。雌性树懒和幼崽之间的联系最为亲密，它们会通过声音进行交流。随着幼崽的成长，这种交流会变得越来越频繁，越来越复杂。通过亲密无间的相处，幼崽学会在树上移行，挑选可口的食物，并在危险关头进行自我保护。大约3个月后，幼崽开始吃树叶，但仍依附于雌性树懒的腹部，直到9个月大才独立进食。到了两岁，小树懒开始独立生活。这时，它无须搬离栖息的树木，雌性树懒会搬到邻近的树上，将自己原来的巢穴赠予幼崽。

麝雉

在亚马孙河两岸的树丛中，可以观察到一种独特的鸟类——麝雉。

麝雉（*Opisthocomus hoazin*）体型中等，体长60厘米，重约800克，背部有带白色条纹的棕色羽毛。麝雉头部较小，头顶有一簇细长的羽冠。鲜红色眼睛周围是湛蓝色的皮肤。

它的飞行能力较差，除极少数时间在河岸间滑翔外，平常都在树枝间短距离移动。

“臭名昭著”的鸟

麝雉的特殊之处在于，它会散发出一种令人作呕的气味。这种鸟类以疆南星属球茎类植物的叶子等部位为食，它的臭味可能由于这种叶子发酵所致。但是，对它而言，伴有这种恶臭也是一大幸事，因为这样可以使其免遭人类的猎杀。

与其他鸟类不同的是，麝雉

第258~259页图：三只麝雉栖息在一根树枝上。

上图：一只麝雉雏鸟攀附在一根树枝上。图中，带爪的翼趾清晰可见。

右图：一只成年麝雉正立在巢穴上孵卵。

嗉囊粗大，表面分布有角质层，周围肌肉发达。在空中飞行时，一旦嗉囊被食物填满，便会过度膨胀，使其失去平衡。在地面停留时，麝雉嗉囊外侧沉重的硬皮使它难以站立，只能将胸部垂在地面。这种鸟类对食物的消化主要通过细菌发酵来实现，这与反刍哺乳动物非常相似。

麝雉主要以疆南星的叶子、果实和花朵为食，因此它们大多生活在长有此类植物的环境中。有时，它们也会以小型动物（如河岸边捕获的螃蟹和鱼）为食。这种鸟类常常形成一个小群落，数量可达30只，叽叽喳喳叫个不停。它们会借助各种各样的发声方式，配合肢体动作来进行交流：通过这种方式，群体各个成员之间可以随时保持联系，在遇险时还可发出求救信号。

“小恐龙”

麝雉雌鸟会在水面上空的树枝间搭建一个大巢，并在其中产下2~5枚卵。卵的孵化一般持续28天，双亲都会参与其中。刚孵化的雏鸟没有羽毛，最神奇的是，它的翅膀上各长有两个带爪的翼趾！有了这种特殊性，雏鸟可以提早走出巢穴，在周围的树枝间攀爬，同时，还具备了一种应对危险的绝佳

技能。当掠食者靠近时，雏鸟会“扑通”一声跳入水里。危险过去后，雏鸟又会飞快地扑腾几下，用翼趾爬回树上。这些翼趾使雏鸟看起来和已灭绝的恐龙（著名的始祖鸟）非常相似，但在雏鸟成年后这个部分便会消失。尽管如此，它仍然证明了一点——如今的鸟类直接起源于兽脚类恐龙（即著名的肉食恐龙群体）。

奇特的技巧

疆南星属于天南星科，广泛分布于几乎所有大陆，喜爱无阳光直射的阴凉潮湿环境，是典型的灌木丛植物。这种植物是多年生草本植物，通常高度不超过一米。它会从地下块茎中分离出短小的根部和一个较短的枝干。它的花朵呈佛焰苞形，类似于人们熟知的马蹄莲，一旦受粉，就会迅速凋谢，留下裸露的肉质浆果，形成它的果实。虽然疆南星的花朵缺少花蜜，但它会散发出令人作呕的腐肉味，吸引众多授粉昆虫。经过各种鸟类的采食，未消化完的植物种子会随鸟类的粪便排出，在树林中传播。

日鳽

夜晚，在位于亚马孙河及其支流两岸海拔近1000米的森林中，生活着一种独居的鸟类——日鳽。

日鳽（*Eurypyga helias*）体型中等（体长不超过45厘米），曾被误以为是鹭科的近亲，但它其实是日鳽科现存的唯一鸟类。日鳽头小，长有长喙，脖颈及腿细长。除翅膀外，身体呈天然保护色。在其深色的头部长有一双红色的眼睛，眼周有两条白色细长条纹。它的羽毛非常柔软，所以飞行时悄无声息。当它蹲伏在地面时，很难被掠食者发现。即便被发现，它也不会仓皇逃窜，而是采用一种相当奇特的防御策略：当敌人接近时，日鳽会突然张开翅膀。翅膀上黑黄

羽毛交杂，上缀两个明艳的黄褐色斑点，像极了两只巨眼。此时，它看起来极具威慑力，它缓缓向前移动，直到将对手逼退。日鳽虽然生性胆小，但是这种奇特的行为在其保育方面起到了显著的作用。

日鳽的巢穴由树枝和泥巴筑成，常常位于灌木或树木最低矮的枝条上，最高为4米。一只雌鸟一生最多产下5枚淡红色的蛋。孵化时长约为1个月，双亲共同参与孵卵。

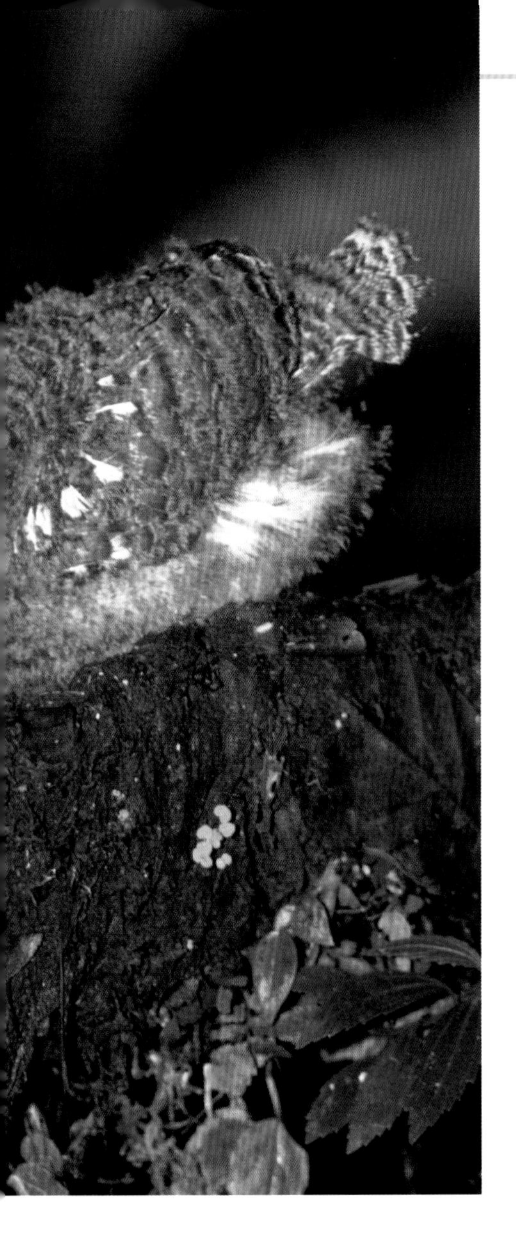

日鸦常在夜间伏击，主要以昆虫为食。偶尔，日鸦也会捕食爬行动物或小鱼。猎捕时，它会迅速抓住猎物的脖颈，用自己又长又尖的喙刺杀猎物。

第262~263页图：一只成年日鸦。图中可以看到它色彩斑斓的羽毛。

上图：一只成年日鸦将一只青蛙喂给嗷嗷待哺的雏鸟。

左图：两只日鸦正在进行求偶仪式。

警戒色

在阴暗潮湿的树丛中，在枝繁叶茂的低矮树枝上，在距离河道不远处，总有一群五颜六色的两栖动物灵活地蹦来跳去，它们就是箭毒蛙（*Dendrobatidae*）。在这类青蛙中，有一个物种名为亚马孙网纹箭毒蛙（*Ranitimeya ventrimaculata*）。与其他种类不同的是，它的生活范围很广，占据了亚马孙流域的大部分地区。

在繁殖季节，这类两栖动物会进行一项特殊的活动。由雄蛙负责孵卵及育儿，直到卵成功孵化，蝌蚪出现。这时，雄蛙会将五只蝌蚪装在背上，开始在它居住的河岸附近寻找合适的水潭，留下其中一只蝌蚪。安置妥当后，雄蛙继续寻找其他水域，以便留下另外几只蝌蚪：箭毒蛙是肉食物种，因此父母不会把所有子女留在同一片水域，以防它们自相残杀。

毫无疑问，箭毒蛙的体色是它们最明显的特征。特别是亚马孙网纹箭毒蛙，它是一种小巧的两栖动物，长度略超过18毫米。身上布有黑、黄条纹，橙色或红色条纹则更为罕见。亚马孙网纹箭毒蛙腹部和腿部呈蓝灰色，有些许黑色斑点，构成了一个网状图案。这类青蛙的体色如此鲜艳，当然不是为了更好地伪装，而是为了使自己更显眼。这种颜色或许有助于识别同一种群的成员，不仅如此，它还能向潜在掠食者传达一种明确的警告：“我们身藏剧毒！”。这种明艳的色彩学名为“警戒色”，往往分布在动物最明显、最脆弱的部位。箭毒蛙的体色主要以“黑红”或“黑黄”组合为主。遇到这种明暗交替的色彩，掠食者总会十分警惕。

无声的狩猎

要问亚马孙之王是谁？那必然是美洲豹无疑。自古以来，这种行踪隐秘的猫科动物都令生活在亚马孙流域的部落十分着迷，它体能强健，毛色优雅，一举一动都牵动着部落居民的心。在前哥伦布时代，美洲豹被视为有关战争的神灵，国王或祭司在宗教仪式上往往会披戴它的头骨或毛皮。

该物种的分布范围非常广泛，从美国南部（较为罕见）一直延伸到阿根廷潘帕斯，且可以适应不同类型的栖息地。美洲豹是“旗舰物种”的典型代表，被选作整个生态系统维护的代表物种。

左图：一只美洲豹从河岸边茂密的雨林中缓步而出。

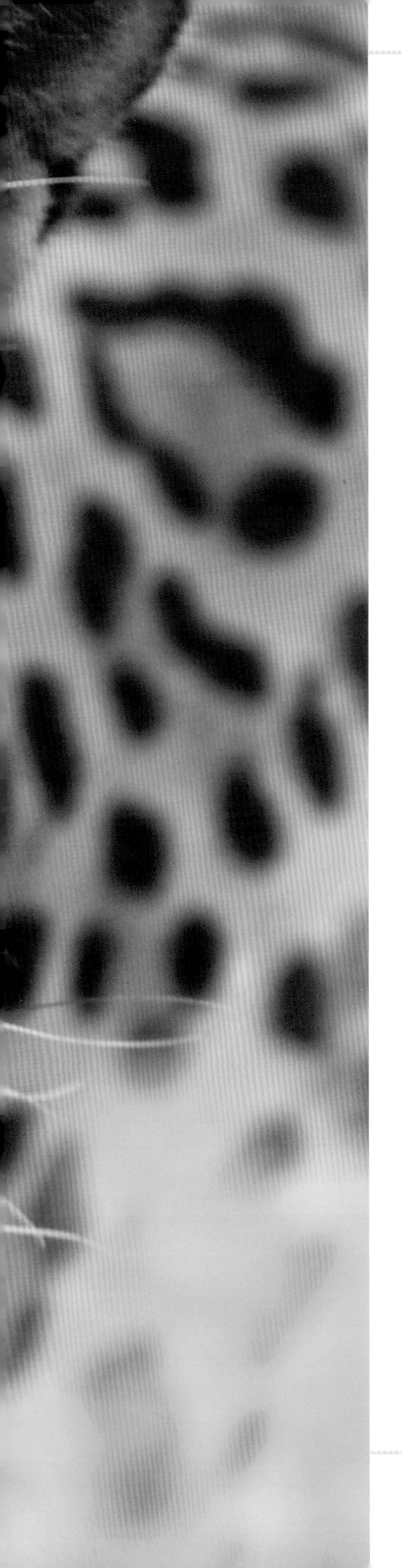

美洲豹

生活在亚马孙河上游茂密苍翠的森林中的美洲豹，是豹属动物代表。它与老虎、狮子并称三大现存的大型猫科动物。

美洲豹体型庞大，活动范围主要集中在亚马孙河流域。美洲豹喜欢待在雨林中较为隐蔽宁静的角落。水是美洲豹捕猎的基本要素，因此，它们常在水源丰富的处所（如亚马孙河附近及其周围的沼泽地）出没。如今，在亚马孙河道以南、巴塔哥尼亚方向，或在美国南部地区，这种动物十分罕见。而在过去，情况则截然不同，那时它们的分布范围更广，包括如今此类物种早已灭绝的广大地区，例如乌拉圭或萨尔瓦多。

亚马孙最大的猫科动物

美洲豹十分亲水，是美洲大陆上现存最大的猫科动物。人们经常将美洲豹与其非洲“表亲”——花豹相混淆。其实，两者存在区别：美洲豹整体上更粗壮，头部大而结实，尾巴和腿则较短。和老虎（另一种喜水的大型猫科动物）一样，美洲豹的脚掌也长有部分蹼。从它肌肉发达的脚掌还可以看出游泳健将的潜质。

美洲豹的体型因个体而异。通常情况下，成年美洲豹体长（不包括尾巴）超过1.5米，体重可达120千克。

由于皮毛颜色相近，美洲豹和花豹常常被混淆。两者皮毛的区别主要在于斑块形状和玫瑰形斑纹的内部颜色。美洲豹的皮毛呈黄米色，全身分布着深褐色斑块或玫瑰形斑纹。其玫瑰形斑纹内部毛色为红色，且具有更小、更深的斑点。而花豹的玫瑰形斑纹内部没有斑点。每头美洲豹的皮毛图案各不相同，就像我们的指纹一样。但是，美洲豹两性之间的差异并不显著，只是雌性美洲豹的体型要略微小一些。

第268~269页图：一只成年美洲豹极具催眠性的凝视。

上图：一只雄性美洲豹企图捕捉跳入浑浊河水中落荒而逃的水豚。

致命的一跃

美洲豹以近90种不同的动物为食，它喜欢各种各样的鱼类，善于运用一种非常特殊的捕鱼技巧：美洲豹慵懒地趴在一根树枝上或潜伏在岸边，用尾巴在水面上轻轻划动。这种行为会发出声响，并在水中泛起涟漪，极具迷惑性，让鱼误以为是果实落入水中或一只颇重的昆虫落在水面上。这时，鱼会朝着声音的来源游去，准备大快朵颐，不曾想自己早已落入了狡猾的美洲

豹的圈套，即将成为它的盘中餐。当然，如此凶猛的掠食者肯定不只满足于鱼类，毕竟亚马孙河岸边还有许多其他潜在的水生猎物，比如乌龟或凯门鳄。

这种猫科动物不仅体型健硕，还拥有同类动物中最强大的咬合力。它的牙齿非常锋利，猛地一咬，便可将凯门鳄坚硬的鳞甲和乌龟结实的甲壳甚至猎物的头骨刺穿，这是美洲豹惯用的一种猎杀技巧。较年长、更庞大的美洲豹还可以猎杀体型较大的动物，例如鹿、貘、领西貒和水豚。只要成功捕获一只大型猎物，美洲豹便可大饱口福（至少足够吃四天）。

美洲豹能够完美地施展经典的伏击技巧，将这些哺乳动物一举擒获。它身材魁梧，生性静默，行动敏捷，极其擅长爬树。它可以从树枝上跳起，直接扑向猎物，抓住它的脖颈，一口咬住。美洲豹喜欢在黎明和黄昏时分捕猎，因此被称为夜行动物。

左图：一只雌性美洲豹迈着轻盈的脚步，准备涉水寻找猎物（如鱼或凯门鳄）。

上图：一条成年巨骨舌鱼，这是美洲豹最爱的猎物之一。

水下捕食

巨骨舌鱼（*Arapaima gigas*）是世界上最大的淡水鱼之一，长达3米，重约150千克。头部小且扁平，身体呈圆柱形，除胸鳍外，其他鳍都位于身体后部。巨骨舌鱼身体前部呈灰绿色，在接近尾部时逐渐变红。巨骨舌鱼喜欢待在低氧浅水区。它能够浅入水下10～20分钟，偶尔也会浮出水面，通过鱼鳔“呼吸”大气中的氧，发出特有的“咳嗽”声。巨骨舌鱼的一个显著特征是它拥有一个骨质的有齿的舌头，因此属于骨舌鱼目。

巨骨舌鱼是一种杂食性鱼类，摄食范围极广。落入水中的植物和果实，鱼、河虾、螃蟹、两栖动物，甚至蛇和龟，都可能成为它的果腹之物。在旱季，巨骨舌鱼通常在河流和湖泊中活动；在雨季，它们则更喜欢待在食物丰富的洪溢林。

在每年的四至五月，当河水将森林淹没时，巨骨舌鱼会挖一个深20厘米、直径50厘米的巢穴，并在里面产卵。5天后便会诞生一群约1厘米长的鱼苗。鱼苗会紧贴着雄鱼的头部，以防掠食者的攻击，而雌鱼则会从远处看护后代，抵御一切入侵者。巨骨舌鱼虽然体型巨大，但仍不免沦为美洲豹的猎物，经常被其潜入水中一举擒获。

岌岌可危

世界自然保护联盟已将美洲豹列为近危物种。目前，美洲豹所面临的最大威胁是由于亚马孙雨林破坏而导致其栖息地的丧失。最新估算显示，美洲豹已经永久性丧失了多达50%的栖息地，这也意味着猎物的消失，因此，美洲豹开始接近当地居民的牲畜，对其展开猎杀。如此一来，美洲豹不仅会惨遭当地居民的猎杀，还需时刻警惕以贩卖美洲豹毛皮为生的偷猎者的追捕。

目前，许多针对美洲豹的保护项目已经启动，比如，建设生态走廊。生态走廊是动物从一个领地迁至另一领地的安全路线，它能尽可能地限制动物与人类及其定居点的接触。秘鲁、哥伦比亚和厄瓜多尔纷纷对这一项目表示支持。相关研究人员也做了大量关键的保护工作，比如，对当地进行定期监测，开发面向当地居民的教育项目，并与各国政府协同促进美洲豹栖息地的旅游可持续发展。

水陆捕食

眼镜凯门鳄（*Caiman crocodilus*）体长近3米，重达300千克，除绿森蚺和美洲豹外，在大自然中无可匹敌。其眼周长有两条骨脊，形似一副眼镜架，因此而得名。这种动物非常善于游泳，常年在水中行动，很少爬上岸边。在游动的过程中，它扁长而有力的尾巴用来推动

身体前行，有蹼的四肢则用来改变方向。

眼镜凯门鳄背部呈棕绿色，两侧体色较浅，腹部几乎为全白。交配后，雌鳄会用树叶、灌木和泥巴在水边筑起一个约半米高、120厘米宽的圆锥形巢穴，并在其中产下约50个鸡蛋大小的鳄鱼蛋。70～90天后，孵化完成。破壳而出的鳄鱼幼崽一般有30厘米长，会发出“咕咕”的叫声以唤起雌鳄的注意。在整个孵化期，雌鳄从不离开巢穴，在孵化后也会继续照看小鳄鱼。在刚出生的几个月里，小凯门鳄会紧紧地贴着雌鳄游动，一有任何风吹草动，便会迅速钻进雌鳄的嘴里避险。

天气酷热难耐时，这种爬行动

左图：一只眼镜凯门鳄全身浸没在水中，只有眼睛和鼻孔露出水面。

上图：美洲豹在水中猎杀眼镜凯门鳄的壮观场面。

物还可以把自己埋进泥里，进入一种“夏眠”状态。

眼镜凯门鳄在水下行动敏捷，但它更喜欢伏击捕猎。它会埋伏在水中，一动不动，等待猎物的靠近。一旦时机成熟，它便一跃而起，张开血盆大口（口腔内长有70多颗牙齿），猛地将猎物擒住。然后，它便会将其拖至水下溺死，随后大快朵颐。

眼镜凯门鳄主要以鱼类（如令人恐惧的红肚食人鱼）和两栖动物为食，有时，它甚至连同种群的幼崽也不放过！此外，在河岸边，它们还会伏击正在饮水的、毫无防备的大型哺乳动物、水鸟和其他爬行动物。据称，眼镜凯门鳄无法咀嚼大型猎物，因此它们会把石块吞进胃里，这有助于将食物磨碎，从而促进消化。

记事本

亚马孙“黑”美洲豹

人们可能会感到疑惑：在一片茂密的雨林中，像美洲豹这样黄黑相间的大型猫科动物如何藏身？要知道，在南美洲的雨林中，即便是白天，光线也很稀少。林中一片漆黑，阳光难以穿透树叶，于是形成了一种斑驳陆离的光影效果。美洲豹皮毛上的斑点，使其在斑驳的光影中极易伪装。在林中穿行时，它们可以完全隐匿其中，悄无声息地接近猎物。

毛色黑化是一种显性基因突变现象，无须父母双方的染色体中都携带黑色基因，其中一方携带黑色基因即可。“黑”美洲豹并不常见，因为在栖息环境中，这种变异美洲豹的斑纹轮廓比一般美洲豹更显眼，它们在狩猎时可能就失去了原本的优势。

事实上，在荫翳缠绕的森林中，比较容易遇到毛皮几乎全黑的美洲豹。在过去，人们将这种豹子误以为是一种不同于美洲豹和花豹的独立物种，其实不然。对于各种患有黑化症的猫科动物，我们都可以用“黑豹”这一通用术语来指称。在世界上，约有6%的美洲豹出现基因突变，由于过量色素沉淀，其皮毛颜色也会随之加深。这种颜色在一定程度上掩盖了美洲豹皮毛上典型的玫瑰形斑纹，使其皮毛像绫罗绸缎一般光彩夺目。

左图：一只患黑化症的美洲豹，其皮毛上典型的玫瑰形斑纹仍清晰可见。

陆上捕食

领西貒是一种野生哺乳动物，外形类似小野猪，遍布美洲大陆的大部分地区。这种动物的学名为领西貒，又因其脖颈周围长有一圈特殊的白毛而被称为“锁颈貒”。它是世界上分布最广的有蹄动物：从美国南部的炎热沙漠到阿根廷的潘帕斯草原，间或穿过热带森林和安第斯山脉的山坡，都可以看见它的身影。领西貒体型与一只小野猪相当，肩高约50厘米，体重约25千克。它区别于野猪的一个特征是长而锋利的上犬齿：领西貒的“獠牙”向下生长，而野猪的犬齿则向上弯曲。领西貒是一种杂食动物，常常在森林的地面上游荡，寻觅植物的块茎和根，它也以草、叶和嫩芽为食。为均衡饮食，它还会吞食昆虫、蠕虫、小型脊椎动物（如蜥蜴）和两栖动物。领西貒的嗅觉极其灵敏，即使是两米深处的块茎也能被它嗅到。和其他三类西貒科物种一样，领西貒也喜欢洗泥浆浴，

它可以通过这种方式散热，清除皮毛中的寄生虫。雌性领西貒的妊娠期约为150天。妊娠期结束后，一般会产下2～4只幼崽，幼崽体色与成年领西貒相似。领西貒喜欢集体出行，通常以10～15只个体（包括幼崽在内）组成的小群活动。

在发现一群领西貒后，美洲豹往往会将目标锁定为末尾掉队的那一只，生擒后将其带至高处撕咬。领西貒群在听到同伴哀号时，才反应过来上前搭救，但为时已晚。兽群来势汹汹，其犬齿长且锋利，极有可能对美洲豹造成致命的伤害，选用这样的捕猎方法，美洲豹可以巧妙地躲避庞大兽群的攻击。

独居动物

作为亚马孙之王，美洲豹大部分时间都独来独往。其领地面积随猎物和环境变化。无论是雄性美洲豹还是雌性美洲豹，都会坚守各自的领地。一只雄性美洲豹的领地面积最大可达100平方千米，相当于两到三只雌性美洲豹的领地面

左图：一只在密林中休息的成年美洲豹，其毛色与周围的环境完美融合。

上图：领西貒，美洲豹的典型猎物。

积。雌性美洲豹的活动范围虽然总是交叉重叠，但彼此之间不易产生冲突；雄性美洲豹则相反，它们会用尿液、粪堆，用爪子抓挠树干来标明自己的领地。

雄性美洲豹之间很少发生直接争斗，它们通常只会用各种吼叫来逼退对方。上文提到，美洲豹是夜行动物，昼伏夜出。白天，它们大多喜欢在茂密的植被阴凉处打盹，或慵懒地浸在水中休憩。

上图：一只雌性美洲豹与几个月大的幼崽亲密互动。

右图：一只雌性美洲豹带着一个约5个月大的幼崽在树干上休憩。

跟随母亲学习技能

据观察，美洲豹在繁殖季节的互动最为频繁。这类猫科动物可能全年都在交配，繁殖周期很大程度上取决于猎物数量的多少。交配完成约4个月后，雌性美洲豹会产下2~4只幼崽。生产通常在藏匿于矮树丛中的一个巢穴中进行，但要远离成年雄性美洲豹，因为它们很可能对后代构成威胁。幼崽的茸毛颜色与成年美洲豹十分相似。在幼崽出生后近两年的时间里，都由母亲负责照看。刚出生时，幼崽往往双眼紧闭，两周后才能睁开眼睛。

大约6个月后，雌性美洲豹开始用猎物的肉喂养幼崽，并教授它们一些复杂的狩猎技巧：如何捕鱼；在捕捉凶猛猎物（例如一只长有巨爪的食蚁兽）时如何避免危险情况；如何捕捉螃蟹；如何稳稳地趴在树枝上抓捕猴子；如何在河岸的沙子下挖出多汁的龟蛋……这些技能的培养全部都由雌豹负责。

致谢

（in alto: 上；in basso: 下；a sinistra: 左；a destra: 右；fronte: 封面；retro: 封底）

非洲的淡水

图片来源

Nature Picture Library: Adri de Visser/Minden: 57 (a destra); Ann & Steve Toon: 33, 66-67; Anup Shah: 28-29, 36, 44; Cyril Ruoso/Minden: 18-19, 86-87, 88; David Williams/ Minden: 85; Denis Huot: 53; Flip Nicklin/Minden: 58-59; Francoise Savigny: 68; Guy Edwardes:40-41, 81; Jabruson: 48-49, 50-51; Jane Burton: 60 (a sinistra); Jen Guyton: 34-35; Jurgen & Christine Sohns/Minden: 72 (a sinistra); Karine Aigner: 26-27; Klein & Hubert: 20-21, 22-23; Loic Poidevin: 16-17, 98-99; Lou Coetzer: 52, 78-79, 80, 90; Michel Petit: 10; Michel Roggo: 8-9, 60-61; Neil Aldridge: 76-77; Pedro Narra: 84; Pete Oxford: 89; Peter Kes: 95; Piotr Naskrecki/MInden: 54-55, 62, 63, 69, 70-71, 74-75; Richard Du Toit: 37, 56-57, 71 (a destra); Sergey Gorshkov: 24-25; Staffan Widstrand: 82-83; Steve Gettle: 28 (a sinistra); Suzi Eszterhas/Minden: 38-39, 46-47; Theo Webb: 14-15; Tom Gilks: 16 (a sinistra); Tony Heald: 30-31, 45, 94; Tui De Roy/Minden: 72-73; Visuals Unlimited: 64-65; Will Burrard-Lucas: 96-97; Wim van den Heever: 12-13, 32, 92-93; Winfried Wisniewski/Minden: 442-43, 91; ZSSD/Minden: 50 (a sinistra).
Copertina: Vincent Grafhorst/ Minden (fronte); Neil Aldridge (retro).
Risguardo apertura: Shutterstock/ Artush; risguardo chiusura: Shutterstock/Stu Porter.

欧洲的淡水

图片来源

Nature Picture Library: Alfred Trunk/ BIA/Minden: 153; Andy Rouse: 134-135, 190-191; Andy Sands: 145; Bart Wilaert: 183 (a destra); Christophe Courteau: 181; Cyril; Ruoso: 108-109, 124-125, 128, 129, 132, 162-163, 170-171, 186-187; David Pattyn: 150 (a sinistra); David Tipling: 176-177, 180; Eric Beccega: 143; Fabio Liverani: 184-185; Graham Eaton: 118-119; Heidi & Hans-Jurgen Koch/Minden: 166-167; Ingo Arndt/Minden: 140-141, 152, 174 (in basso); James Hamrsky: 168; Jane Burton: 115 (a destra); Jose Luis Gomez de Francesco: 136; Jussi Murtosaan: 160 (a sinistra); Kim Taylor: 117; Konrad Whote/Minden: 131; Kristel Richard: 104 (a destra); Linda Pitkin/2020Vision: 114-115, 116; Loic Podevin: 130, 154; Mario Suarez Porras/Minden: 154-155; Markus Varesvuo: 169; Martin Gabriel: 6; Matthew Maran: 138-139; Michel Roggo: 158-159; Nick Upton: 123 (a destra), 137, 188-189; Ralf Kiwstowski/ BIA/Minden: 164; Remi Masson: 122-123, 126 (a sinistra), 126-127, 133, 160-161; Robert Thompson: 178; Rod Williams: 165; Roger Powell: 150-151, 190 (a sinistra); Ross: Hoddinott: 100-101, 166 (a sinistra); Russel Cooper: 188 (in basso); Scotland: The big picture: 1, 142, 172-173; Solvin Zankl: 120; Sylvain Cordier: 182-183; Terry Whittaker: 144, 148-149; Thomas Hinssche/BIA/Minden: 157; Thomas Marent/Minden: 175; Visuals Unlimited: 179; Wil Watson: 174 (in alto); Wild Wonders of Europe/ Falklind: 110-111, 112-113; Wild Wonders of Europe/Lundgren: 121; Wild Wonders of Europe/Munoz: 146-147; Wild Wonders of Europe/ Radisics: 106-107; Wild Wonders of Europe/Smit: 103-104; Winfried Wisniewski/Minden: 188 (in alto).
Copertina: Connor Stefanison (fronte); Terry Whittaker (retro).
Risguardo apertura: Shutterstock/ Ermess; risguardo chiusura: Shutterstock/Anton Mizik.

亚马孙河

图片来源

Nature Picture Library: Alex Hyde: 199; Bence Mate: 202-203; Christian Ziegler/Minden: 248-249, 251; Claus Meyer/Minden: 254; Daniel Heuclin: 265; David Pattyn: 226-227, 246-247, 274; David Tipling: 198; Edwin Giesbers: 268-269, 280; Eric Baccega: 244 (sotto); Flip de Noover/Minden: 260, 261; Franco Banfi: 216-217, 218-219, 220, 278; Hermann Brehm: 243; Ingo Arndt/Minden: 252-253; Jane Burton: 228-229; Jeff Foot: 270-271; Jim Clare: 235; Juan Manuel Borrero: 273; Kevin Schafer/Minden: 212; Konrad Whote: 258-259; Lucas Bustamante: 196-197; Luciano Candisani/Minden: 208-209, 211, 232-233; Luiz Claudio Marigo: 264 (sotto), 275, 282-283; Luke Massey: 240-241, 266-267; Mark Bowler: 204-205, 221, 224-225; Michael & Patricia Fogden/Minden: 245, 264 (sopra); Michel Roggo: 206-207; Nature Production: 222, 230-231; Nick Garbutt: 192-193, 194, 242, 262-263, 272, 280-281; Nick Gordon: 200, 201, 239; Pete Oxford/Minden: 233, 279; Roland Seitre/Minden: 276; Staffan Widstrand: 256-257; Stephen Dalton: 250; Suzi Eszterhas: 255; Sylvain Cordier: 213, 214-215, 236-237, 238, 244 (sopra); Thomas Marent/Minden: 223. Copertina: Mark Bowler (fronte); Nick Garbutt (retro).

版权贸易合同登记号　图字：01-2024-2488

图书在版编目（CIP）数据

美国国家地理. 河流之旅 / 意大利白星出版公司著；文铮等译. --北京：电子工业出版社，2024.6
ISBN 978-7-121-47911-3

Ⅰ. ①美…　Ⅱ. ①意…　②文…　Ⅲ. ①自然科学－少儿读物　②河流－少儿读物　Ⅳ. ①N49
②P941.77-49

中国国家版本馆CIP数据核字（2024）第102127号

责任编辑：高　爽
特约策划：上海懿海文化传播中心
印　　刷：当纳利（广东）印务有限公司
装　　订：当纳利（广东）印务有限公司
出版发行：电子工业出版社
　　　　　北京市海淀区万寿路173信箱　邮编：100036
开　　本：889×1194　1/16　　印张：18.25　　字数：581千字
版　　次：2024年6月第1版
印　　次：2024年6月第1次印刷
定　　价：158.00元

凡所购买电子工业出版社图书有缺损问题，请向购买书店调换。若书店售缺，请与本社发行部联系，联系及邮购电话：（010）88254888，88258888。
质量投诉请发邮件至zlts@phei.com.cn，盗版侵权举报请发邮件至dbqq@phei.com.cn。
本书咨询联系方式：（010）88254161转1952，gaoshuang@phei.com.cn。